Agiles Projektmanagement

Mit Scrum dank Empirie und Agilität
effiziente Projekte realisieren.

Paul Kerner

Inhaltsverzeichnis

Einleitung

a) Was ist Scrum?

Scrum ist eine beinahe 15 Jahre alte Methode, um Projekte zu managen. Es zeichnet sich durch seine Agilität aus, das heißt, dass Projekte dank Scrum besonders schnell und vor allem auch besonders effizient funktionieren. Basierend auf japanischen Prinzipien ist Scrum in der Lage, transparent und eng an der Empirie sowie am Endnutzer orientiert zu arbeiten. So können hochwertige Produkte leichter entwickelt und vermarktet werden. Häufig entsteht durch die konstante Überprüfung und Verbesserung des Produktes dank der Scrum-Inkremente sogar ein großer Marktvorteil. Insbesondere in der IT-Branche und bei Projektmanagern im Softwarebereich ist Scrum ein sehr beliebtes und erfolgreiches Framework.

Scrum ist allerdings mehr als eine Software und eignet sich auch für Projekte, die außerhalb der Softwareentwicklung arbeiten. Es ist vielmehr ein Mindset oder eine Herangehensweise an Projekte. Um als zertifizierter Scrum-Projektmanager zu arbeiten, ist es empfehlenswert, einen (zumeist englischsprachigen) Kurs mit abschließendem Test zu belegen. So hat man Zugang zum Scrum-Netzwerk und ist bei Arbeitgebern besonders beliebt, denn in Deutschland gibt es noch nicht sehr viele Scrum-Master. Zudem ist es wichtig, die Werte und Prinzipien dieses Frameworks gründlich zu verstehen und in der Praxis anzuwenden, bevor sie einem ganzen Team oder gar einer ganzen Firma erklärt werden können.

Das Scrum-Framework ist schlank und recht schnell zusammengefasst, aber die darunter liegenden Werte sind komplex und benötigen oft viel Zeit, um gründlich in alle Produktions- und Planungsschritte einer Firma eingebettet zu werden. Durch ein neues Wertesystem ist es Firmen möglich, innovativer zu arbeiten und sich stärker auf die Ergebnisse zu konzentrieren. Neue Handlungsoptionen werden erschlossen und die Produktentwicklung verbessert sich stark. Auch der Zusammenhalt innerhalb des Teams sowie die Arbeitsatmosphäre als Ganzes werden durch Scrum häufig optimiert. In diesem Ratgeber wird das technische Regelwerk von Scrum beschrieben, um so eine praktische Anleitung für die Projektmanagementmethode zu geben.

Die zentralen Werte von Scrum sind Selbstverpflichtung, Fokus, Offenheit, Respekt und Mut. Dies spiegelt sich auch in den im folgenden Kapitel vorgestellten Wertepaaren und Prinzipien wider. Anders als in der klassischen Produktentwicklung haben die individuellen Teams und Mitarbeiter bei Scrum viel mehr Freiraum und verpflichten sich selbst zu sorgfältiger und hochwertiger Arbeit. Die ganze Methodologie ist darauf angelegt, stets den Fokus auf ein hervorragendes, in der Praxis erprobtes und für den Nutzer optimiertes Produkt zu legen, indem in offener Kommunikation mit dem Auftraggeber das Produkt regelmäßig getestet wird. Dies erfordert Respekt und Mut, zahlt sich aber stets aus, denn dadurch, dass Kunden und Auftraggeber im Scrum-Prozess kontinuierlich über den aktuellen Stand informiert werden, wird ein besseres und nutzerfreundlicheres Produkt hergestellt, das den Anforderungen und Erwartungen aller Beteiligten entspricht.

Scrum ist auf empirischer Erfahrung basiert. Das bedeutet, dass ähnlich wie in einem sportlichen Wettkampf, auch in der Produktentwicklung ein gemeinsames Ziel besteht, das auf einem organischen, da teils chaotischen Weg verfolgt wird. Anders als rigide Projektplanung erkennt Scrum an, dass viele äußere Einflüsse bestehen und es oft besser ist, in Kommunikation miteinander und mit dem Auftraggeber die Strategie, wo nötig, immer wieder anzupassen, um ein optimales Ergebnis effizient zu erreichen. Das bedeutet, dass empirische Realitäten schnell umgesetzt werden können und Einfluss auf das Produkt haben. In regelmäßiger Überprüfung alle ein bis vier Wochen wird das Produkt getestet und neue Prioritäten zur Verbesserung werden gesetzt.

Scrum funktioniert daher nicht nur empirisch, sondern auch iterativ und inkrementell.

b) Woher kommt Scrum?

Die Anfänge von Scrum lassen sich auf zwei japanische Wissenschaftler zurückverfolgen, die im Bereich Wissensmanagement arbeiteten und gemeinsam mit dem Amerikaner Jeff Sutherland die Rolle des Projektleiters revolutionierten. Mehr als Manager waren die Teamleiter im Projekt der drei Wissenschaftler Moderatoren. Es ging ihnen darum, den Entwicklungsprozess eines Produktes innerhalb eines kleinen, selbst organisierten Teams organisch zu verfolgen, und nicht von außen bestimmen zu lassen, da der Prozess nicht vorhersehbar ist. Das bedeutet, dass von außen – also zum Beispiel vom Geldgeber – nur eine Richtung vorgegeben wird, das Team aber selbst über die Taktik und alle wichtigen strategischen Punkte entscheidet. So kann das gemeinsame Ziel laut Scrum am besten erzielt werden. Bereits 1995 wurde Scrum das erste Mal von Ken Schwaber, einem befreundeten Wissenschaftler, auf einer Konferenz erwähnt, und im Jahr 2001 veröffentlichte er das erste Buch über Scrum.

Der Begriff selbst wurde aber von den beiden Japanern Ikujirō Nonaka und Hirotaka Takeuchi ins Leben gerufen. „Scrum" kommt ursprünglich aus dem Englischen und bezeichnet das Gedränge um den Ball im beliebten Sport Rugby. Dies ist eine Analogie für die Projektplanung mit Scrum, die ein gemeinsames Ziel kennt, aber oft auf einem von außen chaotisch wirkenden Pfad, der nicht vorherzusehen ist, dieses Ziel erreicht. Gleichzeitig geht es auch darum, auf dem Spielfeld ohne starke Hierarchie als Team gemeinsam das Ziel zu erreichen. Dafür muss die Strategie je nach aktuellen Gegebenheiten flexibel angepasst und immer wieder hinterfragt werden. Zugleich ist Scrum auch von dem japanischen Prinzip der schlanken Produktion inspiriert, in der auf zielstrebige Arbeitsanweisungen und intensive Kooperation zum optimalen Wissensmanagement gesetzt wird.

Im Jahr 2001 veröffentlichen Ken Schwaber, Jeff Sutherland und andere Kollegen schließlich das agile Manifest, das den Kern von Scrum darstellt und die Methodologie damit an die Öffentlichkeit brachte. Wenige Jahre später bot Ken Schwaber die ersten Scrum-Schulungen an, um zertifizierte Scrum-Master auszubilden. Seitdem ist Scrum nicht nur in der Softwareindustrie, sondern auch bei anderen Branchen, die sich mit Produktentwicklung beschäftigen, eine beliebte Alternative zum herkömmlichen Projektmanagement. Auch in Deutschland gibt es immer mehr Anbieter für die Ausbildung zum Scrum-Experten und in jeder größeren Stadt sowie online ist es inzwischen möglich, auf Deutsch oder Englisch sein Zertifikat zu erhalten.

c) Was kann es und was kann es nicht?

Scrum wurde entwickelt, um komplexe Prozesse anders anzugehen und sie innovativer zu gestalten. Eine Analyse erfolgreicher Produktentwicklungsteams geht der Methodologie voraus. Die beiden japanischen Väter von Scrum beschäftigten sich mit Wissensmanagement und beobachteten für ihre Studie die Arbeitsweise verschiedener Teams über längere Zeit. Dann bewerteten sie, welche Teams am erfolgreichsten arbeiteten und versuchten zu verstehen, was das Erfolgsrezept dieser Teams war. Die folgenden drei Züge hatten alle analysierten Teams gemeinsam:

1. Sie waren autonom, das heißt, sie organisierten sich selbst.

2. Sie arbeiteten funktionsübergreifend und besaßen innerhalb des Teams alle nötigen Fähigkeiten für die Produktentwicklung.

3. Sie waren transzendent, also sehr zielbewusst und voranstrebend.

Diese Erkenntnisse bildeten die Grundlage für die Entwicklung von Scrum. Es ist eine Stärke der Methode, diese Wesenszüge in einem vorhandenen Team zu unterstützen und gekonnt auszunutzen, um aus dem vorhandenen Pool an Wissen und Fähigkeiten das Beste zu machen. Dies ist die Aufgabe des Scrum-Masters. Er stellt sicher, dass das Scrum-Entwicklungsteam gemäß der Werte des agilen Manifestes arbeitet und sich stets an dessen Grundsatz hält: Scrum ist besonders für die Entwicklung von komplexen Produkten geeignet und ist besonders gut darin, im Sinne der schlanken Produktion schnelle und hervorragende Ergebnisse zu liefern, für die von außen nur ein Impuls nötig ist.

Scrum selbst ist allerdings ein Framework und kein Prozess wie andere, klassische Projektmanagementtools. Scrum gibt einen Rahmen vor und definiert verschiedene Rollen, Meetings und Artefakte. In dem Zusammenspiel dieser Elemente wird eine Art Vorgehensweise abgesteckt, innerhalb derer sich Projekte flexibel bewegen. Es ist wichtig festzustellen, dass Scrum genauso wenig ein Allheilmittel ist, wie andere Frameworks oder Prozesse. Projekte und Produktentwicklung sind und bleiben sehr komplexe Angelegenheiten, die nur bis zu einem gewissen Punkt beeinflusst und geplant werden können. Risiken bestehen immer, die Hoffnung ist aber, dass ein erfolgreich umgesetztes Scrum-Framework die Risiken früher offenlegt und man somit besser mit ihnen umgehen kann. Scrum ist zudem kein automatischer Projektbeschleuniger. Die Methode befähigt Teams effektiver zu arbeiten, und das Produkt regelmäßig zu überprüfen. Durch diese fokussierte Arbeit ist das Endprodukt in vielen Fällen früher fertig, aber die Arbeit an sich geht nicht schneller.

Insgesamt lässt sich daher sagen, dass Scrum zwar kein Wundermittel ist, aber durch seine innovative Herangehensweise an komplexe Prozesse zu mehr Effizienz und Kundenzufriedenheit führen kann.

d) Was wird dieser Ratgeber tun?

In diesem Ratgeber für die Scrum-Methode soll ein gründlicher Überblick über die wichtigen Werte und Ideen von Scrum gegeben werden. Dafür wird zuerst der Agile Atlas, auch Agiles Manifest genannt, vorgestellt, um die wichtigsten Kernthemen von Scrum zu verstehen. Vier Wertepaare, zwölf Prinzipien und die Aktivitäten, Artefakte und Rollen der Methode machen deutlich, worum es in Scrum letztendlich geht, und geben erste Ideen, wie dies die Produktentwicklung im Gegensatz zum herkömmlichen Projektmanagement verändert. Im zweiten Kapitel werden mehr Informationen zur Umsetzung der Scrum-Aktivitäten in das echte Leben mithilfe der fünf Schritte, die ein Scrum Prozess haben sollte, vorgestellt. Somit wird klar, wie ein Scrum-Projekt zeitlich ungefähr ablaufen sollte.

Danach geht es um die verschiedenen Artefakte, nämlich Product Backlog, Sprint Backlog und Product Increment, die die Planung erleichtern. Die Rollen in der Produktentwicklung und das Verständnis dieser Rollen von Scrum werden im vierten Kapitel analysiert. Hilfreiche ergänzende Techniken wie Planungspoker zur Abschätzung zeitlicher Aufwände, die Burn-Down-Chart zur Visualisierung noch offener Aufgaben und das Impediment Backlog, das bei der Überwindung von Hindernissen helfen soll, geben weitere Hilfestellungen zur praktischen Umsetzung von Scrum. Dies soll verdeutlichen, wie Scrum zeitlich funktioniert.

Für besonders große Projekte, mit mehr als einem Team, stellt das sechste Kapitel das sogenannte Large Scale Scrum, auch LeSS genannt, vor. Damit lassen sich Scrum-Prozesse mit bis zu acht Teams durchführen. Interessierte lernen im 7. Kapitel, wie sie sich zu Scrum-Mastern zertifizieren lassen können. Ein Vergleich zwischen Scrum und dem klassischen Projektmanagement wird im letzten Kapitel vorgenommen, um die Unterschiede noch einmal zu verdeutlichen und hervorzuhaben, was Scrum leisten kann, und in welchen Fällen es als Framework nicht angebracht ist. Zu guter Letzt folgt eine Zusammenfassung dieses Ratgebers.

1. Agiler Atlas – der Kern von Scrum

Das agile Manifest, auch als agiler Atlas beschrieben, bildet den Kern der Scrum-Methode. Es wurde im Jahr 2001 auf einer Konferenz in den USA entwickelt, bei der sich 17 Vertreter von Softwareunternehmen trafen. Zu ihnen gehörten auch Ken Schwaber und Jeff Sutherland. Gemeinsam brachten sie ihre Vorstellung vom agilen Projektmanagement auf einen Nenner und entwickelten Werte, Prinzipien, Aktivitäten, Artefakte und Regeln. Gemeinsam bilden diese Elemente das Herzstück von Scrum und sollen im Folgenden näher beschrieben werden.

1.1 Die vier Wertepaare

1. Individuen und Interaktionen gehen vor Prozesse und Werkzeuge

Bei Scrum ist der Austausch zwischen Menschen besonders wichtig. Die Idee ist, dass ein Großteil oder sogar 100 % des für die Produktentwicklung nötigen Wissens bereits in den Projektmitarbeitern vorhanden ist. Durch gegenseitigen Austausch in Form von offenen, freien und freundlichen Diskussionen wird das existierende Wissen „herausgekitzelt", ohne dass komplizierte Prozesse und Werkzeuge nötig sind. Selbst wenn Werkzeuge wie Projektmanagementtools eingesetzt werden, sollen die Interaktionen und das wertvolle Wissen von Individuen stets im Vordergrund stehen. Es darf nicht um Prozesse gehen, die des Prozesses wegen durchgeführt werden. Das bedeutet konkret, dass es zuallererst obligatorisch ist, einen Raum für Austausch zu schaffen, bevor über die digitale Wissensplattform diskutiert wird.

2. Funktionierende Software ist mehr wert, als umfassende Dokumentation

Diese Aussage lässt klar erkennen, dass Scrum ursprünglich aus der Softwareentwicklung kommt. Sie lässt sich aber leicht auch auf andere Produkte abwandeln. Hier geht es darum, dass die Funktion des Produktes viel wichtiger ist, als das dazugehörige Handbuch oder entsprechende Erklärungen zur Funktionsweise. Indem das Produkt, zum Beispiel die Software, von Anfang an gemeinsam mit dem Endnutzer getestet wird, kann es schnell optimiert werden und benötigt keine ausführlichen Erklärungen, sondern ist im besten Falle sogar selbst erklärend. Prototypen und andere Beispiele für das Endprodukt helfen dabei, Unklarheiten von Anfang an aus dem Weg zu räumen und vermeiden das Problem, dass der Kunde nach einer langen Produktentwicklung sagt, dass er sich eigentlich etwas anderes vorgestellt hätte. Durch diese Partizipation der Nutzer entsteht am Ende ein Produkt, das allen Bedürfnissen genügt und sehr nutzerfreundlich ist, da es nicht umständlich erklärt werden muss.

3. Zusammenarbeit mit den Kunden ist wichtiger, als Vertragsverhandlung

Dies passt zum dritten Wertepaar, denn Dauer, Umfang und Kosten eines Projektes sind insbesondere unter Scrum, aber auch unter anderen Produktentwicklungsmethoden am Anfang des Projekts schwer abzusehen. Natürlich sollte von Beginn an ein Vertrag abgeschlossen werden, aber unter den Idealen von Scrum ist der Vertrag flexibel und offen, um eben durch die Zusammenarbeit mit dem Kunden eine funktionierende Software (oder ein anderes Produkt) zu entwickeln. In diesem Prozess kann es sein, dass der Kunde größere Änderungswünsche hat oder viele gemeinsame Treffen nötig sind. Dies kann schnell auf Dauer, Umfang und Kosten des Prozesses Einfluss nehmen. Wenn aber stets gemeinsam mit dem Auftraggeber oder Kunden gearbeitet wird, ist sichergestellt, dass er mit dem Endprodukt sehr zufrieden sein wird. Dann wird der Kunde auch besser nachvollziehen können, wie sich die Kosten des Endproduktes zusammensetzen und diese aus seinen Verständnis heraus gern bezahlen.

4. Schnelle Reaktion auf Änderungen anstelle von rigider Planverfolgung

Dieser vierte Wert beschreibt die Agilität von Scrum. Ähnlich wie in einem Rugbyspiel, in dem schnell auf veränderte Situationen eingegangen werden muss, um das Ziel zu erreichen, ist es auch in der Produktentwicklung wichtig, schnell auf Änderungen, wie zum Beispiel veränderte Ansprüche des Kunden, Probleme mit einer Komponente oder erhöhte Materialkosten einzugehen. Dies bedeutet, dass der ursprüngliche Plan häufig abgeändert wird und nicht strikt verfolgt werden kann. Was von außen als Chaos anmutet, ist in Wahrheit eine organische Organisation rund um die realistischen Gegebenheiten, die Scrum so erfolgreich macht.

1.2 Die zwölf Prinzipien

In einem ähnlichen Sinne sind auch die zwölf Prinzipien im Manifest von Scrum, die die vier Wertepaare noch einmal unterstreichen, gedacht:

- Die höchste Priorität liegt darin, den Kunden durch frühe und kontinuierliche Bereitstellung des Produktes zufriedenzustellen.

- Indem selbst relativ spät im Entwicklungsprozess noch Änderungswünsche berücksichtigt werden, können agile Prozesse dafür sorgen, dass der Kunde mit seinem Produkt einen klaren Marktvorteil erhält.

- Die Software, bzw. das Endprodukt, soll alle paar Wochen bis Monate präsentiert und mit dem Kunden diskutiert werden (vorzugsweise allerdings alle paar Wochen).

- Intensive und tägliche Zusammenarbeit von Geschäftsexperten und Produktentwicklern ist essenziell.

- Die Projekte bauen auf motivierte Individuen, die in einem unterstützenden Umfeld arbeiten und viel Vertrauen genießen.

- Der effektivste und effizienteste Weg ist die Kommunikation von Angesicht zu Angesicht. So kann Information am besten an ein Team und auch innerhalb eines Teams vermittelt werden.

- Der Erfolg wird zuallererst daran gemessen, ob die Software oder das Produkt funktioniert.

- Eine nachhaltige Entwicklung ist sehr wichtig für den agilen Prozess. Geldgeber, Entwickler und Nutzer sollten in der Lage sein, in einem konstanten Tempo zu arbeiten.

- Ungebrochene Aufmerksamkeit für technische Exzellenz und gutes Design sorgen für mehr Agilität.

- Simplizität ist essenziell. Das bedeutet, dass der Anteil der Arbeit, die nicht oder nicht mehr getan werden muss, maximiert wird.

- Die beste Architektur und die schönsten Designs kommen von selbst organisierten Teams.

- Das Team reflektiert regelmäßig darüber, wie es effektiver arbeiten kann, und passt seine Verfahren entsprechend an.

1.3 Die fünf Aktivitäten

Der technische Ablauf eines Scrum-Projektes folgt den fünf Aktivitäten, die im folgenden Kapitel näher erläutert werden: Sprint Planning, Daily Scrum, Sprint Review, Sprint Retrospektive und Product Backlog Refinement. Ein Sprint bezeichnet eine der ein- bis vierwöchigen Projektphasen, aus denen der Scrum Prozess als Ganzes besteht. In jedem Sprint laufen die fünf Aktivitäten ab.

1.4 Die drei Artefakte

Drei physische Artefakte sind wichtig für den Scrum Prozess: Das Product Backlog, das Sprint Backlog und das Product Increment. Ähnlich wie ein Logbuch sind dies protokollartige Auflistungen des langfristigen Ziels (Product Backlog), des kurzfristigen Ziels (Sprint Backlog) sowie eine Übersicht des Ganzen (Product Increment). Im dritten Kapitel werden diese Artefakte näher erläutert.

1.5 Die drei Rollen

Zuletzt gehören diese drei Rollen zum Kern von Scrum: Product Owner, Entwicklungsteam und Scrum-Master. Gemeinsam machen sie das Scrum-Team aus, das in einem stetigen Informationsaustausch mit den Stakeholdern steht, die bei den meisten Aktivitäten zuhören dürfen. Über die Rollen wird im vierten Kapitel ausführlicher berichtet.

2. Umsetzung der Aktivitäten

Um die fünf Aktivitäten, die jeden Sprintzyklus von Scrum ausmachen, entsprechend umzusetzen, empfiehlt es sich, den folgenden Schritten zu folgen. Hier können auch ergänzende Techniken, wie sie im Kapitel 7 vorgestellt werden, genutzt werden. Allerdings ist es wichtig, stets die Werte und Prinzipien von Scrum im Hinterkopf zu behalten. Gerade, wenn die Methodologie noch nicht in einem Team oder einer Firma verankert ist, ist eine sehr bewusste Kommunikation über die Veränderungen im Vergleich zu einer klassischen Projektplanung essenziell. Zudem sollte man sich immer wieder ins Gedächtnis zu rufen, dass Scrum iterativ, inkrementell und empirisch funktioniert.

Dies erfordert viel Mut und gegenseitigen Respekt. Der Scrum-Master ist hier eine Schlüsselperson, denn er oder sie beginnt den Scrum-Prozess damit, das Team in dieser Art des Projektmanagements auszubilden, falls noch keine Scrum-Kenntnisse bestehen. Insbesondere in der ersten Hälfte des Projektes ist der Scrum-Master als sogenannter dienender Anführer stets zur Hand, wenn er benötigt wird. Gegen Ende des Projektes zieht er sich meistens zurück und konzentriert sich auf ein anderes Projekt oder widmet sich der Aufgabe, Scrum innerhalb der Firma bekannter zu machen. Denn damit das Scrum-Team in einer passenden Atmosphäre arbeiten kann, ist es wichtig, dass auch Management und Kollegen verstehen, was Scrum eigentlich ist.

Wo ein klassisches Projekt von Zyklen spricht, geht es bei Scrum um den Ablauf der verschiedenen Aktivitäten. Anders als ein Zyklus stellen sie eine Aneinanderreihung zahlreicher Sprints dar, die stets dem gleichen Rhythmus folgen. Gemäß dem Prinzip der Orientierung an der Empirie ist es allerdings möglich, die Sprints zu verlängern oder zu verkürzen, und überhaupt die Regeln der Aktivitäten, wo nötig, ein wenig zu biegen. Die typischen Meilensteine sind bei Scrum nicht vorhanden, aber am Ende eines jeden Sprints ist ein Produktinkrement vorhanden, sodass nach spätestens vier Wochen jeweils ein brauchbares Zwischenergebnis vorliegt.

Dies ist sehr wichtig für die Motivation des Teams. Ein weiterer Unterschied zum klassischen Projektmanagement besteht darin, dass keine strikten Deadlines und Vorgaben vorhanden sind, damit das Scrum-Team freier arbeiten kann und sich an den aktuellen Anforderungen und Realitäten orientieren kann. Im achten Kapitel werden die Unterschiede zwischen Scrum und Projektmanagement auf die traditionelle Art näher beschrieben.

2.1 Sprint Planning

Ein Sprint ist im Vokabular von Scrum ein Zeitfenster zwischen einer Woche und vier Wochen, in dem ein Arbeitsabschnitt erledigt wird. In der Planung des nächsten Sprints, die pro Woche nicht mehr als zwei Stunden in Anspruch nehmen sollte, wird besprochen, was im nächsten Abschnitt erledigt wird und wie es erledigt wird. Somit wird der folgende Sprint geplant, unmittelbar, bevor er beginnt. Dieser Prozess wird vor jedem Sprint wiederholt.

Das bedeutet, dass in der ersten Stunde des Sprint Planning mithilfe des Product Backlogs, also des langfristigen Entwicklungsplans, besprochen wird, welche Produkteigenschaften Priorität haben und welche Arbeit zur Umsetzung dieser Eigenschaft nötig ist. Gemeinsam wird eine Idee davon entwickelt, wer welche Arbeit innerhalb des kommenden Sprints erledigen kann. Dazu gehört auch die Entwicklung von Kriterien, die am Ende des jeweiligen Sprints getestet werden, um zu sehen, ob der Sprint erfolgreich war. Diese Definition of done dient dazu, mit klaren Kriterien Ergebnisse zu messen und zu bewerten. Zudem wird so die Moral hochgehalten, denn Erfolgserlebnisse und kleine gemeinsame Feiern von Produktelementen, die „done" oder erledigt sind, motivieren das Team.

Vor einigen Jahren wurde noch der Begriff Selbstverpflichtung genutzt, um zu beschreiben, dass sich das Entwicklungsteam auf eine bestimmte Anzahl von Backlogeinträgen verpflichtet, die es im kommenden Sprint erledigt. Dies wurde aber inzwischen so verändert, dass vielmehr von einer Prognose gesprochen wird.

Im zweiten Teil des Sprint Planning wird das detaillierte Wie des nächsten Sprints geplant, indem kleine Teams sich selbst die Zuständigkeit für bestimmte Elemente des Produkts wie etwa das Design oder eine Funktionalität geben. Zudem wird das Sprint Backlog geschrieben. Häufig wird hier ein Taskboard, auch Kanbantafel genannt, genutzt. In vier Spalten wird für jede Aufgabe eingetragen, was Anforderungen sind, welche Aufgaben noch zu erledigen, in Bearbeitung und bereits abgeschlossen sind.

2.2 Daily Scrum

Jeder Arbeitstag beginnt mit einem 15-minütigen Scrum oder Treffen, in dem das Entwicklerteam sich austauscht und einen Überblick über den Arbeitsstand erhält. Hier ist das erwähnte Taskboard ein sehr hilfreiches Mittel, um zu erklären, bei welchem Arbeitsschritt sich jedes Teammitglied befindet und womit es sich am jeweiligen Tag beschäftigen wird. Der Informationsaustausch steht im Vordergrund des Daily Scrum und es ist empfehlenswert, das Treffen strikt auf maximal 15 Minuten zu begrenzen.

Wenn Unklarheiten oder Fragen auftauchen, werden sie auf ein späteres Meeting verlegt oder an den Scrum-Master übergeben, der sich dann mit der Problemlösung beschäftigt. Bei der Präsentation der Aufgaben wird häufig klar, dass eine Aufgabe zu groß für ein Mitglied ist oder dass externe Probleme im Weg stehen. So kann das Prinzip der Empirie auf einer täglichen Basis angewendet werden, denn reale und teils unvorhergesehene Probleme werden direkt in die Planung integriert.

Zu den ergänzenden Techniken, die Scrum ausmachen, gibt es im siebten Kapitel weitere Informationen. Es ist allerdings auch Teil der Philosophie, vor allem einen Rahmen bereitzustellen, innerhalb dessen das Produkt dann frei und in der Zusammenarbeit des Teams entwickelt wird. Hier kann und möchte Scrum sich nicht zu sehr einmischen.

2.3 Sprint Review

Zum Ende jedes ein- bis vierwöchigen Sprints wird unter Beteiligung von Kunden und Nutzern besprochen, ob das Ziel des Sprints erreicht wurde und was gegebenenfalls verändert oder angepasst werden muss. Das letzte Inkrement, also die Aufgaben des vorangegangenen Sprints, wird anhand der erstellten Kriterien und der „Definition of done" überprüft. Hier ist es wichtig, dass Anwender und Kunden dabei sind, denn sie möchten den Zwischenschritt des Produkts überprüfen und testen, wie das aktuelle Ergebnis ausfällt. Auch für das Entwicklerteam ist es sehr hilfreich, dieses Feedback am Ende eines jeden Sprints zu erhalten, um in das nächste Sprint Planning alle Ideen einbeziehen zu können.

Die Sprint Review ist also ein sehr wichtiger Schritt, in der unter anderem das Product Backlog angepasst wird. Der Product Owner, um den es im Kapitel 4 detaillierter geht, hat hier die Verantwortung dafür, dass das Produkt alle Kriterien erfüllt. Es kann sogar sein, dass alle Kriterien erfüllt sind, das Produkt aber dennoch aus Sicht des Anwenders mangelhaft ist – zum Beispiel, wenn es nicht intuitiv funktioniert oder sich etwas an der falschen Stelle befindet, selbst wenn es funktioniert.

Obwohl dieser Schritt essenziell für die Werte von Scrum ist, sollte er nicht mehr als etwa eine Stunde pro Woche in Anspruch nehmen. Alle Aktivitäten sind recht kurzgehalten, um zu gewährleisten, dass ausreichend Zeit für die eigentliche Arbeit in Teams erhalten bleibt. Dies hilft auch dabei, das Team motiviert zu halten, denn zu viele trockene Meetings können schnell für Langeweile oder gar Frust sorgen.

2.4 Sprint-Retrospektive

In der Retrospektive, die ebenfalls am Ende eines jeden Sprints steht, bespricht das Team seine Arbeitsweise und mögliche Verbesserungen. Dieser Prozess wird idealerweise von einem zertifizierten Scrum-Master angeleitet. In maximal 45 Minuten pro Sprint-Woche diskutiert das Team in einem geschützten Raum – dies ist sowohl physisch als auch psychisch zu verstehen -, um so best practices zu identifizieren und analysieren, und diese weiter in die Praxis umzusetzen. Auch Probleme werden ausdiskutiert und gemeinsame Lösungen gefunden. Da dieser Schritt vertraulich ist, wird er am besten ohne andere Stakeholder durchgeführt.

Vertrauen ist essenziell in der Retrospektive und in einem ersten Handlungsschritt wird angenommen, dass jedes Teammitglied seine bestmögliche Arbeit geleistet hat. Dann werden im Dialog Informationen darüber gesammelt, was in der aktuellen Sprint-Phase gut war und was schlecht gelaufen ist. Drittens geht es um Erkenntnisse, also um das Warum hinter Ereignissen, die dann beeinflussen, was im nächsten Sprint geschehen muss. Auch ein gelungener Abschluss der Retrospektive ist wichtig. Dies kann eine gemeinsame Pause oder eine kurze Motivations- oder Vertrauensübung sein. Für die verschiedenen Schritte der Retrospektive gibt es unterschiedliche Methoden, aber auch hier sind die Scrum-Werte von Transparenz, Vertrauen, Empirie und Dialog essenziell.

Die Dokumentation dieser Aktivität erfolgt je nach Team auf unterschiedliche Art und Weise. Manche Teams halten die Ergebnisse der Sprint-Retrospektive in einem separaten Dokument fest (siehe auch Impediment Backlog, Kapitel 5.3), in dem es ausschließlich um die Überwindung von Hindernissen geht, während andere die Zusammenfassung direkt in das nächste Sprint Backlog aufnehmen.

2.5 Product Backlog Refinement

Dieser letzte Schritt wird auch als Backlog Grooming bezeichnet. Im nächsten Kapitel geht es um das Backlog, das kurz gesagt den langfristigen Plan für das Projekt darstellt. Nach erfolgtem Rückblick und Retrospektive wird das Backlog am Ende eines jeden Sprints wo nötig angepasst. Es ist wichtig, dass dieser Prozess nicht allzu viel Zeit in Anspruch nimmt, um weiterhin effizient und effektiv zu arbeiten und den nächsten Sprint zu starten. Maximal 10 % der Zeit des Entwicklerteams sollte für das Refinement genutzt werden. Gemeinsam mit dem Team ist der Product Owner in dieser Phase dafür zuständig, die Einträge im Product Backlog zu ordnen, zu ergänzen, auszuführen oder gegebenenfalls auch zu löschen.

Insbesondere um die Einträge detaillieren zu können, ist ein Gespräch mit entsprechenden Stakeholdern oft wichtig. Diese können erklären, was genau sie sich vom Produkt wünschen, woraufhin das Entwicklerteam gemeinsam mit dem Product Owner entscheidet, welche Aktivitäten nötig sind und wie die Aufgaben aufgeteilt werden können.

Für das Product Backlog Refinement Meeting ist kein fester Zeitpunkt vorgesehen. Experten empfehlen allerdings, etwa in der Mitte eines jeden Sprints dieser Aktivität nachzugehen, um rechtzeitig an den verschiedenen Einträgen im Product Backlog feilen zu können. Zudem wird so das nächste Sprint Planning effizienter, da die Anforderungen bereits allen bekannt und das Was und das Wie schneller festgelegt werden können. Zusätzlich oder alternativ, denn dies hängt stets vom Team und vom Produkt ab, sollten kontinuierliche, wenn auch kurze, Refinement-Treffen abgehalten werden. Obwohl während dieser Treffen alle Einträge im Product Backlog besprochen werden sollten, sind besonders die Aufgaben, die im folgenden Sprint wichtig sind, eine Priorität.

3. Backlogs und Product Increment – die Artefakte

Nachdem die Backlogs sowie das Product Increment bereits mehrmals erwähnt wurden, sollen sie im Folgenden näher beschrieben werden. Diese drei Dokumente, die in einer physischen Form vorhanden sind oder zumindest als Datei auf dem Computer zur Verfügung stehen müssen, sind die drei Artefakte, die ebenfalls zentral für Scrum sind. Es gibt verschiedene Softwares, die das Erstellen der Artefakte erleichtern und eine Maske bereitstellen, um zu gewährleisten, dass die Logs stets die gleiche Form haben. Aber auch ohne eine Software ist es nicht allzu kompliziert, die Artefakte zu erstellen. Die Softwares sind besonders für große Firmen, die viele kleinen Teams zur Entwicklung desselben Produkts haben, empfehlenswert.

3.1 Product Backlog - der langfristige Plan

Das Product Backlog könnte als das wichtigste Dokument im Scrum-Prozess beschrieben werden, denn es enthält von Anfang an alle wichtigen Anforderungen an das Endprodukt. Zugleich ist es ein dynamisches Dokument, das im Laufe der Entwicklung während der Aktivitäten, die im vorigen Kapitel beschrieben wurden, immer wieder überarbeitet und angepasst wird.

Im Product Backlog sind alle Anforderungen, die der Kunde und auch der Nutzer an das Produkt hat, aufgelistet. Der Product Owner ist dafür zuständig, das Backlog zu pflegen und stets einen Überblick zu behalten. Die verschiedenen Anforderungen werden kontinuierlich mit der Aktivität Refinement analysiert, detailliert und gegebenenfalls gelöscht oder angepasst. Es ist wichtig zu verstehen, dass das Product Backlog weder perfekt noch vollständig sein muss – im Gegenteil, es befindet sich stets in Optimierung. Die kontinuierliche Prioritätensetzung, die sich häufig verändert, ist ein wichtiger Bestandteil dieses Prozesses. Für die Priorisierung werden Aspekte wie Risiko, Notwendigkeit und wirtschaftlicher Nutzen verschiedener Anforderungen diskutiert und geordnet. Die Anforderungen mit der höchsten Priorität sollten im nächsten Sprint zuerst umgesetzt werden.

Obwohl Scrum viel Wert darauflegt, dass die Realität schwer planbar und sehr komplex ist, hilft das Product Backlog dabei, eventuelle Risiken frühzeitig zu erkennen und gegenzusteuern. Dafür werden die Risiken der verschiedenen Einträge in Abhängigkeit zu den Risiken anderer Anforderungen analysiert und dokumentiert. So ist es möglich, größere Zusammenhänge zu erkennen und zu verstehen, welche Risiken sich aufeinander auswirken oder sich sogar gegenseitig verstärken. Zudem ermöglicht dies die Rückverfolgung von Problemen und eine gründliche Analyse von Lösungsmöglichkeiten.

Um das Product Backlog nicht allzu technisch, sondern vielmehr am Nutzer orientiert zu gestalten, empfiehlt es sich, mit sogenannten **Userstorys** zu arbeiten. Diese werden gemeinsam vom Product Owner und dem Entwicklerteam in Alltagssprache schriftlich festgehalten und erzählen die Geschichte davon, welche Funktion oder Eigenschaft der Nutzer des Projektes zu welchem Zweck haben möchte. So können die Anforderungen allgemein verständlich und vor allem nah am Endnutzer gestaltet werden. Zum Beispiel könnte eine Anforderung an eine Software sein, dass selbst Nutzer im Alter von 5 - 10 Jahren intuitiv verstehen, wie sie mit der Software ein Bild malen können, ohne lesen oder recherchieren zu müssen. Die Userstorys haben zudem den großen Vorteil, dass sie gemäß der Werte von Scrum garantieren, dass die Entwickler den Nutzer stets im Hinterkopf haben und ganz genau wissen, für wen sie das Produkt entwickeln.

Ein Product Backlog kann mithilfe einer Software erstellt werden, was gerade für die Analyse der Risiken und die Möglichkeit, Fehler nachzuvollziehen, sinnvoll ist. Ein Issue-Tracking-System kann sehr nützlich sein, und natürlich haben alle Teammitglieder Zugriff auf dieses

System. Unterschiedliche Anbieter haben Produkte im Sortiment, aber es wichtig, das Product Backlog schlank zu halten, um es in der Aktivität des Product Backlog Refinement, die schließlich nicht allzu viel Zeit in Anspruch nehmen sollte, gut bearbeiten zu können. Für kleinere Teams oder Projekte, an denen nur eine Handvoll Teams beteiligt sind, ist eine Software nicht zwingend nötig. Das Product Backlog kann ganz simpel auf Papier, einem Whiteboard oder in einem Word-Dokument festgehalten und nach Bedarf angepasst werden.

3.2 Sprint Backlog – der kurzfristige Plan

Im Sprintlog werden, ähnlich wie im Product Backlog, verschiedene Einträge in Form von Userstorys oder anderen, allgemein verständlichen Sätzen in Alltagssprache gemacht. Diese Eintragungen sind für den jeweiligen Sprint, also für einen Zeitraum von ein bis vier Wochen gedacht, und werden laufend aktualisiert. Das Backlog wird im Sprint Planning erstellt und bezieht sich dabei auch auf die Product Backlog Refinement Erkenntnisse aus dem vorherigen Sprint, um Änderungswünsche der Kunden und andere auftretende Veränderungen direkt einzubeziehen. Die Product Backlog Einträge, die derzeit Priorität haben, werden in das Sprint Backlog aufgenommen und in verschieden Aufgaben wie zum Beispiel Design, Test oder Fehlerbehebung eines Elementes unterteilt. Im täglichen Daily Scrum beziehen sich die Produktentwickler aus dem Team stets auf die Ausgaben aus dem Sprint Backlog.

Dafür ist es empfehlenswert, ein Task Board zu nutzen, um gemeinsam im Team klar und eindeutig zu besprechen, welches Teammitglied an welcher Aufgabe arbeitet und dort eventuell Hilfe benötigt oder bereits fertig ist und eine neue Aufgabe in Angriff nehmen kann. Auch werden dort Hindernisse zur Erledigung einer Aufgabe eingetragen, was zu einer neuen Aufgabe oder Beseitigungsmaßnahme führen kann. Das Task Board sollte in Form einer Kanbantafel auf einem

Whiteboard oder einem großen, für alle Teammitglieder gut sichtbaren Poster geführt werden. Da es täglich genutzt wird, um die Arbeit des Vortages zu besprechen, ist es wichtig, sehr sorgfältig mit diesem Dokument umzugehen.

Eine **Kanbantafel** besteht in ihrer einfachsten Form aus drei Spalten, in denen Aufgaben nach „Zu tun", „In Arbeit" und „Erledigt" aufgeteilt werden. Das Scrum Task Board hat typischerweise noch eine vierte Spalte, die am Anfang steht und die jeweilige Aufgabe detailliert darstellt. Diese Aufgaben werden den Anforderungen aus dem Product Backlog entnommen. Für die folgenden drei Spalten ist es ratsam, Magneten oder Post-it-Zettelchen zu verwenden, um die Aufgaben in den Spalten entsprechend bewegen zu können. Dies trägt auch zur Motivation des Teams bei, denn wie bei einer klassischen To-do-Liste ist es sehr befriedigend, Aufgaben in den Bereich „Erledigt" schieben zu können.

Alternativ kann auch das Sprint Backlog mithilfe einer Exceltabelle oder einer Software geführt werden. Dies hat den Vorteil, dass es jedem Teammitglied jederzeit digital zur Verfügung steht und dass physische Probleme, wie ein defekter Stift oder ein verlegter Zettel, die Aktivitäten nicht beeinflussen. Auch hier gilt, dass es bei größeren Projekten empfehlenswert ist, zumindest eine digitale Version zu haben, um für mehr Übersicht zu sorgen. Für kleinere Teams oder Projekte ist zumeist die physische Kanbantafel eine gute Entscheidung. Um die Scrum-Werte zu berücksichtigen, sollte das Team selbst entscheiden, in welcher Form es das Sprint Backlog führen möchte. Denn solange es hierüber keinen Konsens und keinen Diskussionsraum gibt, ist es null und nichtig, über dieses Werkzeug zu diskutieren. Das Team soll entscheiden, mit welcher Art von Sprint Backlog es am besten effizient und transparent miteinander kommunizieren kann, denn schließlich steht dieser Prozess des Dialoges stets im Mittelpunkt von Scrum.

3.3 Product Increment – das Gesamtbild

Das Product Increment ist die Anhäufung aller Product Backlogs, die während eines Sprints bearbeitet und idealerweise fertiggestellt werden. Es ist somit die wichtigste Dokumentation des Projektes, um eine Übersicht über das Gesamtbild zu erhalten. Da Scrum inkrementell, das bedeutet Schritt für Schritt, funktioniert, ist auch dieses Dokument wie eine Art Puzzle, das erst zum Ende des Projektes, wenn das Produkt fertig ist, beendet ist. Bis dahin wird es mit Abschluss eines jeden Sprints um das jeweils aktualisierte Product Backlog ergänzt. So werden Fortschritte und Arbeitsschritte dokumentiert. Am Ende eines jeden Sprints muss das jeweilige Product Backlog der Definition of done entsprechen, das heißt, die am Anfang des Sprints gesetzten Kriterien und Anforderungen müssen erfüllt (done) sein.

Das Product Increment bezeichnet zugleich den jeweiligen Stand des Produktes. In jedem Sprint werden nach der Scrum-Methode bestimmte Eigenschaften des Produktes hinzugefügt, verbessert oder gegebenenfalls auch gestrichen. Um stets mit den Bedürfnissen der Endnutzer übereinzustimmen, sollte das Produkt regelmäßig gemeinsam getestet werden. Am Ende eines jeden Sprints wird also das jeweils erzielte Product Increment vorgestellt und gemeinsam besprochen. Dies kann ein bis dato fehlender Knopf, ein neues Feature einer Software oder eine neue Risikoabwägung für ein Produkt sein – wichtig ist, dass das Produkt bereits ab dem ersten Sprint hergestellt und ab dann kontinuierlich getestet wird, um praxisnah zu arbeiten und mit komplexen Problemen oder Herausforderungen umgehen zu können.

Je nach Produkt kann es auch sein, dass die einzelnen Inkremente voneinander unabhängig in verschiedenen Sprints hergestellt werden und erst am Ende aller Aktivitäten zusammengefügt werden können. Das hängt davon ab, ob sich das gewünschte Produkt gut in Einzelteile zerlegen lässt oder nicht. Ein Buch mit verschiedenen Aufsätzen beispielsweise ist gut zerteilbar, während ein technisches Objekt wie eine Spielkonsole stets als Ganzes getestet werden muss. Am Ende eines jeden Sprints steht in jedem Fall das sogenannte Potentially Shippable Increment, also ein theoretisch bereits lieferfertiges Produkt (oder Inkrement des Produktes). Durch diese effiziente Denkweise wird zwar die Produktion selbst nicht immer beschleunigt, aber der Prozess wird optimiert und eventuelle Bedenken des Kunden werden von Anfang an berücksichtigt. Somit ist das vom Entwicklerteam letztendlich fertiggestellte Produkt auch wirklich fertig, da es bereits alle Feedbackschleifen durchlaufen hat.

4. Die verschiedenen Rollen

Wie beschrieben ist es essenziell für alle an Scrum-Beteiligten, transparent und vertrauensvoll zu arbeiten. Das Scrum-Team besteht aus dem Product Owner, dem Entwicklungsteam und dem Scrum-Master. Auf alle Rollen wird im Folgenden näher eingegangen. Zudem gibt es Stakeholder, die nicht zum Scrum-Team gehören, aber dennoch essenziell für den Prozess sind und an vielen Aktivitäten beteiligt werden. Dazu gehören die Kunden, die Anwender oder Nutzer sowie das Management einer Firma. Um mehr als ein Team zu managen, ist ein spezielles Framework, wie das Scaled Agile Framework oder das Large Scale Scrum, nötig. Um diesen Fall wird es im Kapitel 7 gehen. Vorerst werden die verschiedenen Rollen auf der klassischen Scrum-Ebene von Scrum-Team besprochen. Hier wird davon ausgegangen, dass nur ein Team an der Projektentwicklung arbeitet, das bedeutet, nicht mehr als elf Personen. Es hat sich herausgestellt, dass diese Teamgröße sehr gut zu bewältigen ist und auch für die interne Kommunikation und den Austausch noch gut geeignet ist.

4.1 Product Owner

Der sogenannte Product Owner ist ähnlich wie ein Teamleiter der Hauptverantwortliche für das Produkt. Zudem obliegt ihm die Kontrolle über die verschiedenen Eigenschaften des Produktes sowie dessen wirtschaftlichen Nutzen. Er ist derjenige, der am Ende eines Sprints letztendlich entscheidet, ob die Kriterien erfüllt wurden und das entstandene Produktinkrement gut genug ist. Zudem kann der Owner entscheiden, wie lange ein Sprint dauert, wie der Kostenrahmen für das Produkt ist und welche besonderen Eigenschaften wichtig sind.

Als Einzelperson hat er oder sie viel Verantwortung, muss sich aber zugleich auch auf das Team verlassen können. Einer der großen Vorteile von Scrum besteht darin, dass die Verantwortung für Produktergebnisse vom ganzen Team getragen wird. Daher wird der Product Owner, obwohl er sich in einer besonders verantwortungsvollen Rolle befindet, nie allein zur Rechnung gezogen, sollte es Probleme geben. Selbstverständlich ist gemäß den Scrum-Werten ein guter, transparenter und ehrlicher Dialog zwischen dem Product Owner und seinem Entwicklungsteam sehr wichtig.

Der Product Owner hat also sehr viel Verantwortung und daher ist es unerlässlich, dass sein Team ihm komplett vertraut. Immer wieder wird berichtet, dass der Product Owner nicht den vollen Rückhalt des Teams hat, angezweifelt wird oder von anderen Aufgaben abgelenkt wird. Hier sollte der Scrum-Master eingreifen, der dafür zuständig ist, dass der Scrum-Prozess gelingt. Gerade in Firmen, in denen Scrum als Methode noch recht neu ist, muss viel dazugelernt und umgedacht werden. Der Product Owner sollte sich bewusst sein, dass er keine leichte Aufgabe vor sich hat.

Um die Übersicht zu behalten, ist der Product Owner für das Product Backlog verantwortlich. In Absprache mit dem Entwicklungsteam und den Stakeholdern ist das Product Backlog Refinement die Hauptbeschäftigung des Product Owners. Er ordnet, detailliert und analysiert das Product Backlog stetig und hält mit den Stakeholdern Rücksprache, um deren Wünsche rechtzeitig und originalgetreu in das Backlog aufzunehmen. Somit hat das Team stets eine gute Übersicht über die verschiedenen Userstorys und kann beim nächsten Sprint Planning die Änderungen entsprechend übernehmen.

Zudem sollte der Product Owner eine gute Vision für das Endprodukt haben. Da das Team in Sprints arbeitet und sich daher vor allem auf das Ergebnis des nächsten Sprints konzentriert, ist es essenziell, die langfristige Planung ebenfalls im Blick haben. Der Product Owner hat diese Vision und denkt zugleich darüber nach, wie der Wert und der Marktvorteil des Produkts maximiert werden können. Es ist sehr empfehlenswert, als Product Owner ebenso wie als Scrum Master über ein offizielles Zertifikat zu verfügen. Dies bedeutet, dass der Owner alle Scrum-Werte verinnerlicht hat, seine Verantwortlichkeiten versteht und bereits praktische Erfahrungen hat.

4.2 Entwicklungsteam

Das Entwicklungsteam ist die vielleicht größte Besonderheit, die Scrum aufweist. Das Team organisiert sich vollständig selbst und bekommt keine Vorschriften von außen. Zwar macht der Product Owner Vorgaben über das Was des Produktes, aber das Wie wird vom Entwicklungsteam selbst bestimmt. Die Umsetzung der Einträge und Aktivitäten im Backlog liegt allein beim Entwicklungsteam. Dies bedeutet, dass eine gute Zusammenarbeit und gegenseitiges Vertrauen sehr wichtig ist. Eventuelle Probleme lassen sich normalerweise im Daily Scrum erkennen, was wiederum Aufgabe des Scrum Masters ist. Auch die Sprint-Retrospektive ist eine wichtige Aktivität, um die Qualität des Teamzusammenhalts zu evaluieren.

Um effizient zu arbeiten, ist es wichtig, dass ein Team sehr gemischt zusammengesetzt ist. Natürlich sind Spezialisten für die verschiedenen Aufgaben nötig, von Architekten über Programmierer bis hin zu Sozialwissenschaftlern – je nach Projekt und Produkt -, aber gleichzeitig muss das Team auch tatsächlich gemeinsam an Lösungen arbeiten können. Daher sollten die Teammitglieder zugleich interdisziplinär aufgestellt sein und ein gutes Allgemeinwissen haben, um einander helfen zu können.

Das Ziel ist, innerhalb eines Sprints keine externe Hilfe zu brauchen. Scrum ist davon überzeugt, dass das benötigte Wissen bereits vorhanden ist und nur noch in Zusammenarbeit ausgearbeitet und zusammengefügt werden muss. Die Auswahl geeigneter, von den Fähigkeiten her breit aufgestellter Teammitglieder ist daher sehr wichtig. Ein Scrum Entwicklungsteam sollte zwischen drei und neun Mitgliedern haben, um eine Balance an Skills und gleichzeitig eine effiziente Arbeitsweise im Team zu gewährleisten.

Das Team wird stets als Einheit gesehen. Das bedeutet, dass weder gute noch schlechte Ergebnisse auf einzelne Teammitglieder bezogen werden, sondern dass stets das ganze Team die entsprechende Rückmeldung bekommt und dann wieder gemeinsam daran arbeitet. Der dahinterstehende Gedanke ist, dass ein Team als Ansammlung individueller Talente als Einheit stärker ist, als wenn Einzelpersonen an der gleichen Aufgabe arbeiten. Das Team soll sich untereinander gut ergänzen und unterstützen. Daher ist es auch wichtig, für ein besonders gutes Arbeitsklima zu sorgen. Gerade zu Beginn der Projektarbeit ist es sinnvoll, gemeinsam etwas zu unternehmen, um sich kennenzulernen und Kontakte zu knüpfen.

In der Planung eines jeden Sprints ist es die Aufgabe des Entwicklungsteams, die verschiedenen Aufgaben in Elemente zu unterteilen, die jeweils nicht mehr als einen Tag dauern sollten. Diese werden dann im Daily Scrum miteinander besprochen und entsprechend angepasst. Eine Verantwortlichkeit und Spezialität des Teams ist es, den Arbeitsaufwand für verschiedene Aufgaben abzuschätzen und an den Product Owner zu kommunizieren, damit dieser das Product Backlog Refinement vornehmen kann. Es gibt die Möglichkeit, ein Zertifikat als Scrum Developer zu erwerben. Mitarbeiter mit diesem Zertifikat sind besonders prädestiniert für die Arbeit in einem Scrum Entwicklungsteam, aber es ist nicht zwingend nötig, sich zertifizieren zu lassen. Ein guter Scrum Master ist dafür zuständig, die Scrum-Werte innerhalb der Projektarbeit zu verwirklichen.

4.3 Scrum Master

Ein Scrum Master lässt sich auch als Coach oder Trainer verstehen. Er ist gerade zu Anfang des Scrum Prozesses und insbesondere bei Teams, die mit Scrum noch keine oder nur wenig Erfahrung haben, eine sehr wichtige Person. Seine Hauptaufgabe ist es, sicherzustellen, dass Scrum erfolgreich ist. Er erklärt die Regeln von Scrum und stellt sicher, dass diese eingehalten werden. Bei Schwierigkeiten mit Scrum hilft er weiter und räumt eventuelle Hindernisse, wie Verständnisbarrieren aus dem Weg. Auch bei Kommunikationsproblemen oder Konflikten innerhalb des Teams ist der Scrum Master zur Stelle. Er berät das Entwicklungsteam und bespricht sich regelmäßig mit dem Product Owner. Damit gehört er zwar zum Scrum Team, gibt aber keine Arbeitsaufträge oder Beurteilung ab. Seine Rolle wird auch als „dienendes Führen" bezeichnet, denn je nach Situation kann er zwar ein Anführer sein, ist gleichzeitig aber auch ein Diener und eine Ressource für Team und Product Owner. Ein anderer Begriff dafür ist Change Manager.

Der Scrum Master ist von Scrum Experten zertifiziert (weitere Informationen zu den Zertifikaten gibt es im 7. Kapitel). Zu Beginn eines Projektes ist er stets dabei, um sich zu vergewissern, dass die Scrum-Methode verstanden und korrekt umgesetzt wird. Je weiter das Projekt voranschreitet, desto mehr zieht sich der Scrum Master idealerweise zurück, denn mit der Zeit sollten sich die Werte und Vorgehensweisen von Scrum verselbstständigen. Dann kann der Scrum Master mit anderen Teams zusammenarbeiten oder beispielsweise Fortbildungen für andere Mitglieder der Firma geben, die ebenfalls an Scrum interessiert sind. Dies hat zudem den Vorteil, dass weitere Kolleginnen und Kollegen die Arbeit des Scrum-Entwicklungsteams verstehen und bestenfalls ebenfalls einen Scrum-Prozess starten. So kann die ganze Firma das Scrum-Prinzip umsetzen und dadurch bessere Ergebnisse liefern.

4.4 Weitere Stakeholder

Neben dem Scrum-Team gibt es auch weitere Personen, die für den Erfolg des Produktes ausschlaggebend sind. Es ist wichtig zu verstehen, dass Scrum eine Methode für Projektmanagement, nicht aber für Management selbst ist. Daher wird das Management der Firma hier als eigener Stakeholder beschrieben und nicht als Teil des Scrum-Teams. Der Product Owner ist die Person, die einem traditionellen Projektmanager am nächsten kommt. Allerdings sind die Verantwortlichkeiten und auch die geteilte Verantwortung für das Ergebnis ein großer Unterschied. Im achten Kapitel werden die beiden Rollen ausführlicher miteinander verglichen.

Der Kunde, der das jeweilige Produkt in Auftrag gegeben hat, ist ein sehr wichtiger externer Stakeholder. Er erhält am Ende des Prozesses das fertige Produkt, sei es eine Software, eine Maschine oder eine ausgearbeitete Politik. Um die Scrum-Werte durchzusetzen, ist es essenziell, den Kunden bereits vom ersten Sprint an der Produktentwicklung zu beteiligen. Der Product Owner ist der Hauptverantwortliche für die Kommunikation mit dem Kunden und sollte stets dessen Zufriedenheit sicherstellen. Durch die Anwesenheit des Kunden bei einigen Aktivitäten können seine Wünsche und Vorschläge schnell in jeden Sprint integriert werden.

Weiterhin ist der potenzielle Anwender oder Nutzer des Produktes sehr wichtig für den Scrum-Prozess. Dies kann der Kunde sein, aber es können auch andere Personen für zentral befunden werden. Für die Userstorys, die im Product Backlog festgehalten werden, muss die Perspektive des Nutzers verstanden werden. Dafür ist es am besten, verschiedene Anwender, zum Beispiel in Form von Testgruppen oder Geschäftspartnern, einzuladen. Gemeinsam mit dem Entwicklungsteam und dem Product Owner sollten die Nutzer das Produkt und seine Inkremente regelmäßig ausprobieren und kritisches Feedback geben.

So können Fehler, die vom Entwicklungsteam nicht vorhersehbar sind, wie etwa eine unklare Benutzerführung oder ein fehlender Knopf, vermieden werden. Zudem haben Nutzer häufig kreative Ideen für eine Verbesserung des Produktes. Somit wird ein Wettbewerbsvorteil für das Produkt geschaffen. Zugleich wird so häufig Zeit gespart, denn viele klassische Projektprozesse testen ihr Produkt erst am Ende am Nutzer und müssen es dann in vielen Fällen stark abändern. Dieser Schreckmoment fällt dank Scrum weg.

Zu guter Letzt ist das Management einer Firma ein wichtiger externer Stakeholder für den Scrum Prozess. Es muss Scrum als Methode unterstützen und dem Product Owner, dem Entwicklungsteam sowie dem Scrum Master viel Vertrauen entgegenbringen. Außerdem ist es häufig das Management, das personelle Entscheidungen trifft, also die Teams besetzt. Es ist daher empfehlenswert, auch das Management in den Werten und Vorgehensweisen von Scrum zu schulen. Dies ist eine der Tätigkeiten, der der Scrum Master gegen Ende eines Scrum-Projektes, wenn er nicht mehr so häufig gebraucht wird, nachgehen kann. Das Management trifft auch finanzielle Entscheidungen und gibt viele Rahmenbedingungen vor. Eine gute Beziehung zwischen Scrum-Team und dem Management ist daher essenziell für den Erfolg des Projektes.

5. Ergänzende Techniken

Im Folgenden sollen einige praktische Techniken vorgestellt werden, die häufig für Scrum benutzt werden, und den Prozess erleichtern. Das Task Board, auch Kanbantafel genannt, ist eine dieser Techniken, die im Kapitel 3.2 näher erläutert wird. Auch die Userstorys, die allgemein verständlich in Alltagssprache formuliert werden, um die verschiedenen Aufgaben im Backlog in Worte zu verfassen, sind eine wichtige Methode für Scrum-Projekte. All diese Techniken wurden nicht von Scrum erfunden, passen aber gut zur Methodologie und lassen sich entsprechend anpassen. Viele von ihnen haben ihren Ursprung in Japan, denn dieses Land ist bekannt für besonders effiziente und schlanke Arbeitsprozesse. Auch Scrum kommt schließlich von japanischen Wissenschaftlern, die es sich zum Ziel gesetzt hatten, das Wissensmanagement zu verbessern.

5.1 Planungspoker

Da bei Scrum das Entwicklungsteam aus Expertinnen und Experten besteht und es darum geht, sich nicht in ihre Arbeit einzumischen, obliegt dem Team auch die Vollmacht darüber, den Aufwand und die Dauer der verschiedenen Aktivitäten einzuschätzen. Hier gibt es verschiedene Methoden, die vom einfachen Schätzen während des Sprint Planning und des Sprint-Reviews bis hin zu Spielen, wie dem im Folgenden vorgestellten Planungspoker reichen.

Planungspoker ist eine wichtige Methode für agile Projektplanung und ist in seiner englischen Version, Planning Poker, eine Erfindung der Softwarefirma Mountain Goat. Es sollte ein Set an Spielkarten vorhanden sein, das auch selbst gestaltet werden kann. Auf den Karten stehen entweder verschiedene Schwierigkeitsgrade oder unterschiedliche Zahlen, die oft in der vom Mathematiker Fibonacci erfundenen

Reihenfolge 1, 2, 3, 5, 8, 13, 21, 34 usw. gesetzt werden. Es ist empfehlenswert, die höheren Zahlen abzurunden, um nicht mit krummen Beträgen zu rechnen. Diese Zahlenfolge hat sich als bewährt erwiesen, wenn es darum geht, komplexe und schwierige Aufgaben zu quantifizieren.

Im Spiel selbst geht es dann darum, dass jedes Teammitglied individuell den Zeitaufwand für eine Aktivität beziehungsweise Userstory abschätzt. Dafür stellt der Product Owner die Story vor und eventuelle Fragen werden gemeinsam geklärt. Anschließend wählt jedes Teammitglied eine Karte aus dem Set aus, die seiner Ansicht nach dem Arbeitsaufwand entsprechen wird. Alle individuell ausgewählten Karten werden zugleich aufgedeckt und die beiden Teammitglieder, die die jeweils niedrigste und höchste Schätzung haben, erklären, warum sie sich dafür entschieden haben.

In gemeinsamer Diskussion kann dieser Prozess beliebig oft wiederholt werden, wobei es natürlich nicht nötig ist, einen Konsens genau in der Mitte der Schätzungen zu finden. Vielmehr ist es hier, gemäß den Werten von Scrum, essenziell, als Gruppe im Dialog herauszufinden, wie eine komplexe Aufgabe am besten bewältigt werden kann. Dafür ist es wieder einmal sehr wichtig, ein interdisziplinäres Team zu haben, um verschiedene Inputs zu unterschiedlichen Aspekten der jeweiligen Userstorys zu hören und zu verstehen, wie kompliziert diese sein kann.

Sollte es in der Diskussion nicht möglich sein, einen Konsens zu finden, dann bedeutet dies wahrscheinlich, dass die Userstory nicht gut genug formuliert ist. In diesem Fall liegt es am Product Owner, die Story umzuformulieren oder sie nach Bedarf in Absprache mit einem der externen Stakeholder zu verfeinern oder gar zu streichen. Häufig müssen Userstorys in kleinere Storys unterteilt werden, denn schließlich soll jede Aufgabe im Sprint innerhalb eines Tages erledigt werden können. Wenn eine Userstory aus zu vielen Aufgaben besteht, ist es sehr schwierig, deren Dauer abzuschätzen und klar und transparent zu arbeiten.

5.2 Burn-Down-Chart

Die Ergebnisse vom Planungspoker werden zusätzlich häufig in einem Burn-Down-Chart visualisiert. Dieses simple, aber sehr effiziente und visuelle Werkzeug hilft dabei, die geleistete Arbeit sowie die noch offenen Aufgaben schnell zu erkennen und trägt somit idealerweise zur Motivation bei. Auch Probleme können schnell lokalisiert werden, denn es ist leicht, zu erkennen, wenn es keinen Fortschritt bei einer Aufgabe gibt.

Diese Tabelle kann entweder digital geführt oder auf einem Whiteboard dem ganzen Team physisch zur Verfügung gestellt werden. Um ein Sprint Burn-Down zu visualisieren, sollten die Anzahl der Sprint-Tage auf der X-Achse und die Anzahl der noch offenen Aufgaben auf der Y-Achse eingetragen werden. In diesem simplen Diagramm, dessen Verlauf natürlich nach unten zeigen und auf der X-Achse enden sollte, wird so schnell ersichtlich, wie viel Arbeit noch nötig ist, um das Inkrement des Sprints zu erreichen. Im täglichen Scrum wird die Tabelle vom Entwicklungsteam aktualisiert und diskutiert. Wenn ersichtlich ist, dass einige Aufgaben nicht innerhalb des aktuellen Sprints erledigt werden können, muss das Team gemeinsam mit dem Product Owner umplanen und das Product Backlog sowie das Impediment Backlog, das im folgenden Abschnitt vorgestellt wird, updaten.

Neben der Anzahl der noch offenen Aufgaben kann entweder zusätzlich oder alternativ der im Planungspoker geschätzte Aufwand für jede Aufgabe eingetragen werden. Dies bedeutet zwar, dass die Tabelle sehr häufig aktualisiert werden muss, denn schließlich sind die Schätzungen oft fehlerhaft und können die Realität nicht vorhersehen, aber zugleich behält das ganze Team eine bessere Übersicht darüber, ob die Schätzung der Aufgaben und des Aufwandes noch aktuell ist. Hinzu kommt allerdings, dass die meisten Aufgaben während eines Sprints nur einen Tag oder weniger dauern. Daher sieht die Tabelle in beiden Fällen oft recht ähnlich aus.

Um einen längeren Zeitraum zu visualisieren, ist ein Release Backlog eine gute Option. Auch hier zeigt die X-Achse, wie viel Zeit noch bis zur Deadline des Projektes verbleibt. Dies kann in Tagen oder in Sprints darstellt werden. Wenn alle Sprints gleich lang sind, empfiehlt sich diese Zählart als Einheit. Auf der vertikalen Achse wird eingetragen, wie viele der Aufgaben oder Userstorys im Product Backlog noch offen sind. Dies ist ebenfalls eine Zahl, die sich häufig verändert. Aber dennoch hilft dieses etwas längerfristige Backlog dem Product Owner, die voraussichtliche Fertigstellung des Produktes zu visualisieren. Auch wird so sichtbar, wie viele Aufgaben vor der Deadline und innerhalb der einzelnen Sprints erledigt werden müssen. Ein Release Backlog ist empfehlenswert, wenn keine oder nur eine flexible Deadline besteht. Anderenfalls kann die stetige optische Präsenz zu Druck und Stress führen und die Kreativität des Teams beeinflussen.

5.3 Impediment Backlog

Das Impediment Backlog, das bereits im vorigen Abschnitt erwähnt wurde, ist eine Auflistung aller möglichen Hindernisse, denen ein Projekt gegenübersteht. Diese Hindernisse werden gemeinsam diskutiert und definiert und dann entweder separat in Impediment Backlog oder in einer weiteren Spalte auf dem Task Board festgehalten. Der Scrum Master ist zumeist dafür zuständig, dieses Backlog zu führen, obwohl er nicht den Inhalt vorgibt, sondern nur den Prozess zur Sammlung der Hindernisse anführt. Zu diesen Schwierigkeiten können auch Probleme innerhalb des Teams zählen. Es ist empfehlenswert, das Impediment Backlog öffentlich zu führen. Wenn allerdings persönliche Probleme mit auf der Liste sind, muss natürlich eine respektvolle Lösung gefunden werden.

Neben oder unter den Hindernissen sollten direkt Lösungsvorschläge und daraus resultierende Aufgaben aufgelistet werden. Diese Aufgaben werden je nach ihrer Priorität dann auch Teil des Sprint Planning und des Daily Scrum. In regelmäßigen Reviews und Retrospektiven überprüft der Scrum Master gemeinsam mit dem Entwicklungsteam, inwiefern die Hindernisse überwunden wurden. Manchmal ist es nötig, mit dem Management oder den Stakeholdern gemeinsam über das Hindernis zu diskutieren - insbesondere, wenn die Lösung nicht in der Hand des Teams liegt, wie etwa bei einem Lieferengpass oder natürlichen Katastrophen.

Wichtig ist, dass in diesem Backlog alle Arten von Problemen aufgenommen werden. Auch wenn das Problem klein erscheint oder eher ein Risiko darstellt, ist es einen Eintrag wert, denn schließlich versucht Scrum, alle wahrscheinlichen und selbst unwahrscheinlichen Probleme zu lösen, um so der komplexen Realität möglichst nahezukommen. Alles, was das Scrum-Team belastet, die Arbeit langsamer macht oder in irgendeiner Form stört, sollte also als Impediment aufgenommen werden. Teammitglieder haben häufig das Gefühl, dass ihr Problem nicht wichtig genug ist, um geloggt zu werden, aber es ist von großer Bedeutung, dass der Scrum Master eine offene Atmosphäre schafft, in der sich jedes Teammitglied wohl damit fühlt, über Probleme und Hindernisse zu sprechen. Selbst ein unbequemer Stuhl oder störende Geräusche zählen als Impediment, wenn sie die Arbeit des Teams oder auch nur eines Mitgliedes stören.

6. Large Scale Scrum

Wenn eine ganze Gruppe an Produkten oder ein besonders umfangreiches Produkt entwickelt werden soll, ist es häufig nötig, die Scrum-Methodologie auf eine große Gruppe von Personen anzupassen, oder anderes gesagt, zu skalieren. Dafür ist das Large Scale Scrum Framework, auch LeSS genannt, gedacht. Hier geht es darum, Scrum auf große Gruppen anzuwenden, ohne den Prinzipien der Methodologie untreu zu werden. Auch LeSS ist auf Empirie sowie auf der Idee, mit einem schlanken Projektmanagement-Tool maximale Ergebnisse zu erreichen, basiert.

Seit 2005, also relativ kurz nach dem ersten Buch über Scrum, hatten die Amerikaner Craig Larman und Bas Vodde die Idee, LeSS zu entwickeln, da viele Kunden den Eindruck hatten, dass Scrum nur für kleine Teams mit 3 - 9 Personen funktioniert. Es stimmt, dass im agilen Atlas von Scrum nicht definiert wird, wie mehrere Scrum-Teams miteinander arbeiten können. Dies sollte zwar unter Berücksichtigung der Scrum-Werte möglich sein, aber es ist dennoch hilfreich, ein zusätzliches Framework wie LeSS zu haben.

Für Gruppen von bis zu mehreren Hundert Mitarbeiterinnen und Mitarbeitern, aber idealerweise für circa fünf Teams, die nicht an zu vielen unterschiedlichen Orten arbeiten, ist Large Scale Scrum gut geeignet. Es orientiert sich am ebenfalls japanischen Lernmodell **Shu-Ha-Ri**: Zuerst einmal sollten Regeln befolgt werden, um die Grundlagen zu lernen (Shu). Das bedeutet also, dass die für die Produktentwicklung vorgegebenen Regeln sowie die Werte und Grundlagen von Scrum von Anfang an verinnerlicht werden sollen. LeSS fügt den bekannten Scrum-Regeln folgende Regeln oder Prinzipien hinzu:

- Theorie muss warten

- Mit weniger soll mehr erreicht werden

- Das Gesamtprodukt steht im Vordergrund

- Der Kunde steht im Zentrum

- Kontrolle des empirischen Prozesses

- Systemisches Denken

- Transparenz

- Gutes Verständnis der Sequenz von Systemen (Queuing Theory)

Im nächsten Schritt (Ha) wird experimentiert. Dazu dürfen Regeln, wo nötig, gebrochen werden, solange die Scrum Werte als Ganzes nicht verletzt werden. Das heißt, ein Experiment mit dem Produkt darf in dieser Phase auch ohne Zustimmung des Kunden durchgeführt werden und wenn das Ergebnis katastrophal sein sollte, muss der Kunde nicht notwendigerweise darüber informiert werden. Dies sollte aber eine Ausnahme bleiben, denn der Kunde steht nach wie vor im Zentrum des Scrum Prozesses und eine transparente, offene Arbeitsweise ist äußerst wichtig.

Zu guter Letzt sollten die Entwicklerteams beim Schritt Ri ankommen, der so viel wie „mastery", also die Meisterung dieses Prozesses, bedeutet. Teams finden ihren eigenen Weg innerhalb der vorgegebenen Regeln und biegen die Regeln ein wenig, wenn es unbedingt nötig ist. Für LeSS ist es vielleicht noch wichtiger als für Scrum, nur sehr wenige Prinzipien oder Regeln zu formulieren und möglichst auf der Empirie basiert zu arbeiten, denn mit so vielen Teammitgliedern ist es schwierig für den Scrum Master, viel zu kontrollieren. Wichtig ist allerdings auch bei LeSS, dass die grundlegenden Werte gut von jedem eingeprägt und umgesetzt werden.

In der Anwendung hat sich herausgestellt, dass 8 eine magische Zahl ist: LeSS funktioniert für bis zu 8 Teams. Danach wird es schwierig für den Product Owner, den Überblick zu behalten, und Scrum scheint seine Wirkfähigkeit zu verlieren. Es gibt ein weiteres Framework namens LeSS Huge, das für Projekte mit mehr als 8 Teams gedacht ist. Allerdings fehlen hier bisher Berichte über den Erfolg von LeSS Huge, sodass noch keine Empfehlung ausgesprochen werden kann. All diese Frameworks haben jedoch gemeinsam, dass sie mit nur einem Product Owner und nur einem Product Backlog arbeiten.

Diese beiden Punkte sind essenziell für die Effizienz des Prozesses. Zudem arbeiten alle Teams stets zeitgleich an einem Sprint sowie am gleichen Produkt-Inkrement, um stets ein lieferbares Produkt am Ende eines jeden Sprints abzuliefern.

Was die Umsetzung der Aktivitäten und des ganzen Scrum-Zyklus angeht, ist Large Scale Scrum nicht allzu unterschiedlich. Es ist eher die Organisation, die sich ein wenig vom klassischen Scrum-Prozess unterscheidet. Die Teams arbeiten zwar innerhalb ihres Teams an einer Aufgabe, sind aber gleichzeitig kross-disziplinär und arbeiten so viel wie möglich zusammen. Für ein bis drei Teams ist je ein Scrum Master zuständig, sodass gegebenenfalls eine hervorragende Koordination von mehreren Scrum Mastern nötig ist.

Dies lernen die Master in ihrer Zertifizierung, und für die großen Projekte sollte eine zusätzliche LeSS-Zertifizierung vorliegen. Anders als im klassischen Scrum müssen LeSS-Projekte sich auch auf den sogenannten „Flow of Teams" konzentrieren. Das bedeutet, dass zwar immer noch hauptsächlich am „Flow of Items", also der eigentlichen Produktentwicklung, gearbeitet wird, während aber zusätzlich Zeit geschaffen werden muss, um auch die Zusammenarbeit der Teams gemäß den Scrum-Kriterien zu bewerten, anzupassen und zu verbessern.

Diese kurze Einführung in LeSS sollte vor allem einen Überblick darüber geben, wie auch größere Teams von 100 Personen oder mehr mit Scrum angeleitet werden können, um ein effizienteres und Empirie orientiertes Projektmanagement zu ermöglichen. Zurzeit ist LeSS noch in einem stetigen Prozess der Weiterentwicklung befindlich, und es ist empfehlenswert, sich vorerst gründlich mit Scrum in einem einzigen Team bekannt zu machen, bevor es an größere Prozesse geht. Zudem ist eine sehr gute Kenntnis der englischen Sprache nötig, um sich weiter in LeSS einzulesen oder sogar das Zertifikat zu absolvieren, denn bisher gibt es kaum deutsche Anbieter von LeSS.

7. Scrum-Zertifizierung

Um als Scrum Master oder Product Owner zu arbeiten und damit für ein Scrum-Team innerhalb einer Firma zuständig zu sein, ist es unerlässlich, eine Scrum-Zertifizierung zu haben. Es gibt inzwischen auch auf dem deutschen Markt verschiedene Anbieter für dieses Zertifikat, die sich in Kosten, Inhalten und Anforderungen etwas unterscheiden. Um einen ersten Überblick zu geben, werden im Folgenden die größten Anbieter vorgestellt, sodass Sie sich ein gutes Bild davon machen können, welche der Ausbildungen Ihren Anforderungen entsprechen. Generell ist es hilfreich, die englische Sprache gut zu beherrschen, sei es für die Ausbildung zum Scrum-Experten oder für die Anwendung dieses englischsprachig dominierten Frameworks.

Scrum.org

Diese Website bietet eine hervorragende erste Orientierung sowie ein kostenloses Einstiegszertifikat und viele weiterführende kostenpflichtige Scrum-Qualifizierungen an. Zwar ist dieses Training auf Englisch, aber da inzwischen in vielen Firmen Englisch vorausgesetzt wird, und zahlreiche Scrum-Begriffe ohnehin nur auf Englisch genutzt werden, ist es sinnvoll, die Sprache gut zu beherrschen. Sie finden auf der Website zahlreiche Informationen rund um Scrum, und wenn Sie bereits erste Erfahrungen haben, können Sie das Open Assessment ausprobieren. Dieses kostenlose Feature der Website gibt Ihnen eine sehr gute Übersicht darüber, welches Wissen für die Zertifikate nötig ist. Zudem erhalten Sie eine Art Teilnahmeurkunde, die den ersten Schritt auf dem Weg zum zertifizierten Scrum Master darstellt.

Im Anschluss können Sie eines der Zertifikate erwerben. Dafür ist es empfehlenswert, vorerst ein Training zu belegen, um die Grundlagen besser zu erlernen und sich mit Expertinnen und Experten sowie anderen Auszubildenden auszutauschen. Dies ist nicht obligatorisch, lohnt sich aber häufig trotzdem. Zudem ist in dem Training bereits ein kostenfreier Versuch für den Zertifizierungstest enthalten. Die Zertifikate von scrum.org sind lebenslang gültig und zudem werden alle erfolgreichen Absolventen auf der Website aufgelistet. So können Sie leichter von interessierten Auftraggebern gefunden werden.

Es gibt vier verschiedene Ausbildungswege auf dieser Website. Zum einen ist es möglich, sich als Professional Scrum Master ausbilden zu lassen, um in diesem Bereich als anerkannter Master zu arbeiten. Drei verschiedene Schwierigkeitsgrade zeugen davon, wie fortgeschritten der Scrum Master ist. Für die Ausbildung zum Scrum Product Owner gibt es ebenfalls zwei Level, nämlich mittel und fortgeschritten. Drittens ist es möglich, sich als Professional Scrum Developer fortzubilden. Dies ist besonders für Softwareexperten empfehlenswert, die beweisen möchten, dass sie in einem Scrum-Team arbeiten können, da sie die Arbeitsweise bereits kennen und ein professioneller Softwareentwickler anhand der Scrum-Kriterien sind. Zu guter Letzt gibt es die Option, ein Training und ein Zertifikat als Scaled Professional Scrum zu erwerben, um ideal auf die Arbeit in größeren Scrum-Gruppen mithilfe des Nexus Frameworks vorbereitet zu sein.

Scrum Alliance

Neben Scrum.org ist auch die Ausbildung der Scrum Alliance, die ebenfalls auf Englisch stattfindet, eine sehr gute Wahl. Drei verschiedene Pfade, die jeweils etwa zwei Jahre dauern, führen zum Zertifikat als Scrum Master, Product Owner oder Product Developer. Sie durchlaufen dafür jeweils drei Schritte, die mit dem Titel „Certified" beginnen, dann den Namen „Advanced" tragen. Und im zweiten Jahr widmen Sie sich dem dritten Schritt, CSP. CSP steht für Certified Scrum Professional und bestätigt, dass der Absolvent oder die Absolventin bestens dafür geeignet ist, einen Scrum-Prozess zu starten, die agilen Prinzipien umzusetzen, und Konflikte selbst in großen Scrum Projekten zu lösen. Zusätzlich haben Sie die Möglichkeit, nach erfolgreicher Absolvierung eines dieser Levels die Ausbildung zum Scrum Coach,

Scrum Trainer oder Scrum Teamcoach zu machen, um selbst neue Scrum Master, Product Owner und Entwickler auszubilden.

Eine weitere Option der Scrum Alliance besteht darin, sich als Agile Leader zertifizieren zu lassen. In dieser Ausbildung geht es zwar auch um Scrum, aber zusätzlich wird etwas genereller über die Prinzipien der agilen Projektführung gesprochen, sodass Sie als Generalist auch außerhalb von Scrum-Prozessen, aber mit den gleichen Werten arbeiten können. All diese verschiedenen Ausbildungsformen funktionieren mit einer Mischung aus Onlinematerialien, Präsenzkursen, die von Scrum-Trainern geleitet werden, und Onlinetests. Die Suchfunktion auf der Website hilft dabei, einen Kurs in der Nähe zu finden. In den großen deutschen Städten gibt es verschiedene Angebote, sodass es nicht nötig ist, für das Scrum-Zertifikat weit zu reisen.

Ein weiterer Vorteil der Scrum Alliance ist das hervorragend aufgestellte Netzwerk, über das die Gruppe verfügt. Sobald Sie eines der Zertifikate erfolgreich abgeschlossen haben, sind Sie Mitglied der Community und können online über wichtige Fragen diskutieren sowie wertvolle Tipps und Kontakte finden.

PMI

PMI steht für Project Management Institute. Diese Einrichtung ist eine der international anerkannten Größen im Bereich Projektmanagement und ein Zertifikat vom PMI ist eine große Bereicherung für den Lebenslauf. Zudem geht es hier um Fähigkeiten, die nicht auf IT und Softwareentwicklung fokussiert sind, sondern für Projekte und Produkte aller Art genutzt werden können. Die englischsprachige Ausbildung zum PMI Agile Certified Practitioner umfasst viele verschiedene agile Praktiken, zu denen auch Scrum gehört. Aber auch Kanban und Lean Programming, also die Verschlankung von Prozessen, wie in der Einleitung angesprochen, werden in dieser Ausbildung thematisiert.

Um dieses Zertifikat zu erwerben, müssen Sie nachweisen, dass Sie eine bestimmte Stundenanzahl an Erfahrung mit Projektmanagement und mit agilen Projekten haben. Auch ein kurzes Training ist nötig, bevor Sie den Onlinetest mit 120 Multiple-Choice-Fragen beantworten können. Um das Zertifikat zu behalten, müssen Sie alle drei Jahre nachweisen, dass Sie nach wie vor an agilen Themen arbeiten und sich kontinuierlich weiterbilden.

ITEMO und TÜV Süd

Wenn Sie einen komplett auf Deutsch durchgeführten Scrum-Kurs suchen, ist dies vielleicht die richtige Wahl für Sie. Die Organisation ITEMO e.V., kurz für IT Education Management Organisation, hat das Ziel, ein international anerkanntes Ausbildungssystem für den IT-Bereich ins Leben zu rufen. Sie besteht aus einem Zusammenschluss zahlreicher wichtiger IT-Unternehmen. ITEMO erkennt Schulungen an und hat viele Akkreditierungs- und Ausbildungsstellen für IT-relevante Kurse zertifiziert. Dazu gehört auch die Scrum-Ausbildung, die der deutsche TÜV Süd anbietet. Sie durchlaufen hier zwei Levels: Im Foundation Level erlernen Sie die Scrum-Grundlagen und im Professional Level werden Sie entweder zum Scrum Master oder zum Scrum Product Owner ausgebildet. Die Kurse sind modular aufgebaut und alle Prüfungen sind sowohl auf Deutsch als auch auf Englisch verfügbar, sodass die Auszubildenden die Wahl haben und sich je nach Berufschancen in der für sie relevanten Sprache prüfen lassen können.

Auch der TÜV Süd bietet eine Mischung aus Onlinetraining und Präsenzveranstaltungen an, wobei der Fokus auf den Kursen liegt, die in vielen großen deutschen Städten angeboten werden. So können Sie besonders praxisorientiert lernen, da die Scrum-Methoden in den Kursen bereits praktisch angewendet werden, und Sie sich mit den anderen Kursteilnehmern und Teilnehmerinnen kontinuierlich austauschen können. Innerhalb Deutschlands ist der TÜV zudem eine sehr anerkannte Institution, sodass selbst Firmen, denen der Begriff Scrum neu ist, direkt sehen können, dass Sie von einer seriösen Institution zertifiziert sind.

EXIN

EXIN bietet ebenfalls eine große Auswahl an Scrum-Zertifizierungen an, die alle online funktionieren. Sie können eine Sprache auswählen und neben Deutsch und Englisch sind auch viele weitere europäische und internationale Sprachen im Angebot. Dies ist besonders wertvoll für Interessenten, die global arbeiten und sich für die Scrum-Arbeit in einem bestimmten Land vorbereiten möchten. Zudem sind die Webinare eine gute Methode für voll Berufstätige, sich zum Beispiel abends oder am Wochenende ganz entspannt im eigenen Rhythmus fortzubilden. EXIN eignet sich für Softwareexperten, denn die Firma ist Experte für IT-Fortbildungen und bietet auf Wunsch auch spezielle Themengebiete wie Cyber Security oder Cloud Management in Kombination mit Scrum an.

Es gibt natürlich die Möglichkeit, sich zum Agile Scrum Master mit EXIN auszubilden, indem ein Onlinetraining sowie ein anschließender 1,5-stündiger Onlinetest erfolgreich abgeschlossen werden. Das agile Denkmodell, die Rolle des Scrum Masters, komplexe Projekte sowie agiles Schätzen, Planen, Monitoring und Kontrollieren sind Themen dieses Kurses, der besonders beliebt ist. Aber auch andere Zertifikate, etwa zum Product Owner, zur Position des Product Owner Bridge oder zum Experten in der Agile Scrum Foundation sind Teil des Angebots von EXIN. Zusätzlich können IT-Interessierte viele weitere Kurse rund um das Thema Software und IT belegen.

Axelos

Wer sich gut mit PRINCE2-Projekten auskennt (PRINCE steht für Projects in Controlled Environments), für den ist die Scrum-Zertifizierung von Axelos interessiert. Axelos bietet ähnlich wie EXIN zahlreiche Kurse rund um Projektmanagement für IT-Experten und Softwareentwickler an. Der Scrum-Kurs von Axelos baut auf PRINCE2 auf und bietet weiterführende Informationen darüber, wie PRINCE2 durch die Anwendung von Scrum optimiert werden kann.

Mit dem PRINCE2 Agile Guidance Book bietet die Firma zudem eine passende Software an, die für Scrum-Experten und alle an Scrum interessierten IT-Experten eine spannende neue Lösung für das Projektmanagement im Bereich von Software und IT darstellt. Wenn Sie lernen möchten, wie dieser digitale Ratgeber ideal angewendet wird und welche Werte dem Prinzip des PRINCE2 Agile zugrunde liegen, ist Axelos genau die richtige Wahl.

Auch für andere Projekte oder beispielsweise für Product Owner, die keine Erfahrungen mit Axelos haben, ist diese Software sehr hilfreich in der Umsetzung agiler Projekte. Sie finden in der Publikation nicht nur hilfreiche Vorlagen für die verschiedenen Artefakte und ergänzende Techniken, sondern lernen auch anhand vieler praktischer Beispiele sehr viel über Scrum und verwandte Methoden wie Kanban hinzu.

Wichtig ist, dass Axelos sich weniger auf Scrum als Methode, sondern mehr auf agile Methoden allgemein konzentriert. Wer sich also zum Scrum Master oder Scrum Product Owner ausbilden möchte, ist bei Axelos nicht an der richtigen Adresse. Wer aber bereits mit PRINCE2 Erfahrung hat und zusätzliche agile Skills erlernen möchte, ist mit dieser – ebenfalls englischsprachigen – Ausbildung eventuell sehr gut beraten.

8. Scrum im Vergleich zum klassischen Projektmanagement

Scrum ist eine recht neue Methode, während das klassische Projektmanagement, das nach wie vor vorrangig und weltweit genutzt wird, bereits sehr alt ist. Aber erst zu Beginn des 20. Jahrhunderts wurde das heute bekannte Projektmanagement ausformuliert und standardisiert und wichtige Methoden, wie etwa das Gantt-Diagramm, kamen hinzu. Seit den 1950er Jahren wird Projektmanagement für unzählige große und kleine Projekte in einer stets ähnlichen Form genutzt. Es zeichnet sich unter anderem durch den zyklischen Ablauf seiner Prozessgruppen, von Initiierung und Planung über Ausführung und Überwachung bis hin zum Abschluss aus. Je nach Bedarf kann dieser Zyklus beliebig oft wiederholt werden, wobei das Ziel darin besteht, den Zyklus idealerweise nur einmal durchlaufen zu müssen.

Ein erster großer Unterschied zwischen den beiden Herangehensweisen besteht darin, dass im klassischen Projektmanagement der Projektmanager viel mehr Macht und Einfluss hat. Während Scrum versucht, die Entscheidungsgewalt und damit auch das Risiko auf verschiedene Personen, nämlich Product Owner, Entwicklungsteam und Scrum Master zu verteilen, hat ein Projektmanager die uneingeschränkte Verantwortung. Dies ist aus verschiedenen Gründen schwierig: Zum einen liegt sehr viel Druck auf den Schultern des Managers und zum anderen gibt es zahlreiche Personen, die nicht gut delegieren können.

Gleichzeitig ist es manchmal nötig, diese Person in einem großen Projekt zu haben, denn ein Product Owner ist nur für ein (und maximal drei Teams) zuständig. Dennoch sollte eine Entscheidung idealerweise von derjenigen Person innerhalb eines Teams getroffen werden, die sich am besten mit dem Thema auskennt. Dies ist selten der Projektmanager, der, wie sein Name bereits andeutet, nur managen, also anführen, soll. Diese Rolle ist bei Scrum sogar vielmehr als externer Stakeholder (Management) definiert, und alle anderen Scrum-Team-mitglieder sind stark auf die Kolleginnen und Kollegen angewiesen.

Zwar hat der Product Owner relativ viel Einfluss über die jeweiligen Produkt-Inkremente, aber er trägt in keinem Fall den Großteil der Verantwortung. Er ist, genau wie der Scrum Master, eine Art dienender Anführer der Gruppe und gibt keine Vorgaben in dem Sinne, wie sie ein klassischer Chef gibt. Es ist wichtig, diesen Aspekt auch an das Management der Firma zu kommunizieren. Obwohl auch Product Owner teils unter zu viel Stress und Druck leiden, werden sie nie allein für das Scheitern oder etwaige Probleme eines Produktes verantwortlich gemacht. Durch die wenig hierarchische Anordnung von Scrum trägt das ganze Team die Verantwortung – dazu gehören neben dem Product Owner also noch mindestens vier andere Personen.

Zweitens ist das klassische Projektmanagement sehr rigide. Zwar gibt es auch hier Möglichkeiten, den Plan anzupassen oder bestimmte Aufgaben zu streichen, aber häufig ist dafür erst am Ende des Projektzyklus in der Evaluationsphase Zeit. Bei Scrum hingegen wird täglich über die verschiedenen Aufgaben, deren Umfang und das aktuelle Ergebnis auf dem Weg zum Erreichen des Ziels diskutiert. So können Probleme sehr viel schneller aufgedeckt und idealerweise gelöst werden. Diese Agilität hat Scrum in den letzten Jahren so beliebt gemacht, denn es gibt keinen umfassenden Projektplan, der bei Problemen umgeschmissen und komplett neu geschrieben werden muss.

Durch die flexible und täglich mögliche Anpassung des Sprint Backlogs und der Burn-Down-Chart können Scrum Projekte sehr viel schneller handeln und haben dank des Impediment Backlog auch eine gute Möglichkeit, gefundene Problemlösungen zeitnah umzusetzen. Da keine strenge Timeline vorliegt, wie es im klassischen Management der Fall ist, kann das Scrum-Team flexibel agieren und reagieren, und zum Beispiel, wann immer es nötig ist, im Sprint Planning entscheiden, dass der nächste Sprint kürzer oder länger sein sollte.

Drittens ist Scrum so nah am Kunden orientiert, wie keine andere Methode des Projektmanagements. Dadurch, dass der Kunde vom ersten Sprint an als wichtiger Stakeholder in den Prozess mit einbezogen wird, fühlt er sich mit Sicherheit zufriedener und die Zusammenarbeit zwischen Entwicklungsteam und Kunden ist kontinuierlich vorhanden. So ist es möglich, Änderungswünsche des Kunden oder eventuelle Unzufriedenheit direkt im nächsten Sprint umzusetzen.

Insbesondere im heutigen Markt, der ständigen Schwankungen und täglich neuen Innovationen unterliegt, ist diese Flexibilität ein unbestreitbarer Wettbewerbsvorteil. Dies macht Scrum sowohl für Firmen als auch für Auftraggeber sehr attraktiv und hat dazu geführt, dass die Methode in den letzten Jahren immer erfolgreicher wurde. Durch das regelmäßige Testen des bis zu einem gewissen Punkt fertiggestellten Produkt-Inkrements, direkt am Nutzer, arbeitet Scrum zudem mit empirischen Daten. Ein klassisches Projekt hingegen erfragt erst am Ende des Zyklus die Meinung und Zufriedenheit des Kunden. Sollte es Verbesserungswünsche geben, muss ein ganzer neuer Zyklus, was oft viele Wochen lang dauert, durchgeführt werden. Diesem Problem geht Scrum von Anfang an aus dem Weg.

Die Praxisorientierung von Scrum ist auch an dem Prinzip der inkrementellen Verbesserung des Produktes erkennbar. Bereits im ersten Sprint ist es das Ziel, eine Version des Endproduktes zu liefern, damit es am Nutzer getestet werden kann. Auch jeder weitere Sprint liefert ein neues Produktinkrement, sodass das Endprodukt Schritt für Schritt optimiert werden kann, und am Ende des Prozesses keine langwierige Optimierung stattfinden muss. Dies ist insbesondere für physische Produkte oder Softwares eine sehr wertvolle Herangehensweise.

Das klassische Projektmanagement hingegen eignet sich tendenziell besser zur Erstellung nicht materieller Produkte, wie etwa der Ausarbeitung eines Entwicklungsplanes oder einer Werbekampagne. Nicht jedes Produkt kann stetig getestet und überarbeitet werden. Hier ist es wichtig, sich darüber im Klaren zu sein, ob Scrum einen Mehrwert liefert oder ob es unmöglich ist, die Werte von Scrum umzusetzen. Einige Firmen und Projektmanager sind so von Scrum begeistert, dass sie am liebsten jedes Produkt mit dieser Methode durchführen würden. Dies ist allerdings nicht immer möglich, und selbstverständlich bietet auch das klassische Projektmanagement seine ganz eigenen Vorteile.

Zu diesen Vorteilen gehört in einigen Fällen, dass traditionellerweise große Meilensteine innerhalb der Projektplanung gesetzt werden. Diese verdeutlichen, dass ein wichtiger Abschnitt des Projektes bewältigt wurde und es an der Zeit ist, dies gemeinsam zu feiern. Zwar können auch die einzelnen Sprints bei Scrum als Meilensteine angesehen werden, aber da letztendlich immer das gleiche Ziel besteht, nämlich ein neues, potenziell lieferbares Inkrement herzustellen, ist dies für die Motivation des Teams ein Unterschied. Gleichzeitig fehlt die stetige Überprüfung und Anpassung im Projektmanagement auf der klassischen Art, sodass es am Ende des Projektzyklus zu Enttäuschungen und sehr viel Arbeit durch Änderungswünsche des Kunden kommen kann.

Die Arbeit innerhalb des Teams ist ein weiterer wichtiger Unterschied zwischen Scrum und klassischem Projektmanagement, denn während in Letzterem die Aufgabenbereiche klar voneinander abgetrennt sind und es Expertinnen und Experten für jeden Bereich gibt, ist Scrum mehr an der Zusammenarbeit des Teams und der Stakeholder und am Dialog interessiert. Die täglichen Projekttreffen bei Scrum verdeutlichen diese Priorität, und auch selbst, wenn tägliche Treffen für manche Teams schnell als langweilig oder als scheinbar unnötig abgetan werden, verdeutlicht der Erfolg von Scrum die Wichtigkeit dieser Praxis.

Zu Beginn eines Scrum-Prozesses ist es Aufgabe des Scrum Masters, die Prinzipien und Werte von Scrum zu erklären. Während klassisches Projektmanagement direkt anfängt, wird bei Scrum erst einmal eine wichtige, beinahe philosophische gemeinsame Grundlage für die Zusammenarbeit geschaffen. Auch die Zusammensetzung der Teams hat bei Scrum große Priorität und die Tatsache, dass die Teams eigenständig arbeiten und als Ganzes für das Ergebnis zuständig sind, sorgt für einen starken Zusammenhalt. Die ständige Kommunikation und überdurchschnittlich enge Kooperation bei Scrum garantiert also stärkere Teams, während bei einem klassischen Projektmanagement viele Konflikte auftreten, die häufig ungelöst bleiben. Teambuildingevents und weitere Interventionen sind nötig, die aus Sicht von Scrum nur Zeit von der eigentlichen Tätigkeit, nämlich der Produktentwicklung, wegnehmen.

Ein weiterer Unterschied besteht in der Wahrnehmung von Zeit. Während im Projektmanagement von Meilenstein zu Meilenstein auf die Deadline hingearbeitet wird, liegt bei Scrum der Schwerpunkt auf dem jeweiligen Sprint. Kritiker haben bemängelt, dass es bei Scrum-Projekten leichter ist, das übergeordnete Ziel aus dem Auge zu verlieren, da der Fokus stets auf den aktuell priorisierten Userstorys liegt. Beim Projektmanagement hingegen ist das übergeordnete Ziel in Form der Deadline stets präsent und die Teammitglieder arbeiten viel mehr am Gesamtprodukt, als an Inkrementen. Daraus lässt sich schließen, dass Scrum viel besser für die innovative Entwicklung von nutzerfreundlichen Produkten geeignet ist. Dies läuft häufig ohne Deadline und ohne klar ausformuliertem Vertrag in enger Zusammenarbeit mit dem Kunden. Das klassische Projektmanagement hingegen funktioniert besser mit einer Deadline und ist so ausgelegt, dass auf den Tag genau bestimmt werden kann, wann das Projekt beendet ist. Bei Scrum hingegen dauert das Projekt so lange, bis alle Userstorys abgearbeitet wurden.

Zusammenfassend lässt sich also sagen, dass Welten zwischen Scrum und dem klassischen Projektmanagement liegen. Beide Vorgehensweisen haben ihre Schwächen und es kommt sowohl auf das jeweilige Projekt als auch auf das Produkt an, welche Art des Projektmanagements besser geeignet ist. Für Produkte, die nicht physisch sind, und zu einem gewissen Zeitpunkt abgeliefert werden müssen, ist in vielen Fällen das traditionelle Projektmanagement besser geeignet, während zur kreativen Erfindung oder Weiterentwicklungen von Produkten wie einer Software, die für viele Kunden nutzbar ist, Scrum eine gute Option darstellt. Was das Arbeitsklima innerhalb eines Teams und die Belastung des Projektverantwortlichen angeht, kann das klassische Projektmanagement viel von Scrum lernen und auch seine agile und flexible Orientierung an der Empirie ist einzigartig.

Schlusswort

Dieser Ratgeber dient als gründliche erste Übersicht über die Methoden und Werte von Scrum. Er ist damit für alle Interessenten geeignet, die sich weiterbilden möchten und Interesse daran haben, ihr Projektmanagement oder die Produktentwicklung innerhalb der Firma zu überarbeiten bzw. zu erneuern. Dafür ist es essenziell, zuerst einmal den agilen Atlas und somit die zentralen Werte von Scrum zu verstehen, die im ersten Kapitel erläutert wurden. Es ist empfehlenswert, die Wertepaare und Prinzipien zu verinnerlichen. Viele Scrum-Experten drucken sich den agilen Atlas aus oder entwerfen im allerersten Schritt des Scrum-Prozesses gemeinsam mit ihrem Team ein Poster oder eine andersartige Übersicht für den Arbeitsraum, um dieses Manifest stets vor Augen zu haben.

Im Folgenden wurden die verschiedenen Aktivitäten vorgestellt, aus denen ein Scrum-Prozess besteht. Der Ablauf wird sicherlich schnell vom ganzen Team verinnerlicht, aber es ist wichtig, dass der Scrum Master stets einen gründlichen Überblick über diese Aktivitäten hat und sicherstellt, dass die richtigen Personen dabei sind und zu Wort kommen. Besonders die Sprint-Retrospektive, in der das Entwicklerteam die interne Zusammenarbeit diskutiert, ist sehr wichtig für den Prozess. Die im fünften Kapitel vorgestellten ergänzenden Techniken wie Planungspoker, das Impediment Backlog und die Burn-Down-Charts sind wichtige Hilfsmittel und Werkzeuge für die Aktivitäten. Allerdings ist es essenziell, dass eine gute Zusammenarbeit und ein vertrauensvoller Dialog bestehen. Wenn diese Grundlage von Scrum nicht gegeben ist, hilft es auch nichts, mit guten Werkzeugen oder Techniken zu arbeiten. Dies gilt auch für die Artefakte (Product Backlog, Sprint Backlog und Product Increment) – solange das Team nicht gemäß den Werten von Scrum kooperiert, sind die Artefakte nahezu nutzlos.

Daher wurden im Kapitel 4 die einzelnen Rollen des Scrum-Teams, vom Scrum Master über das Entwicklungsteam bis hin zum Product Owner ausführlich diskutiert. Auch die externen Stakeholder spielen eine wichtige Rolle im Prozess und wurden daher ebenfalls vorgestellt. Scrum ist für ein Entwicklungsteam mit einer Größe von drei bis acht Personen konzipiert worden. Häufig aber sind mehrere Entwicklungsteams an der Herstellung eines Produktes beteiligt, sodass ein LeSS-Framework nötig ist. Dieses Large Scale Scrum wurde im Kapitel 6 näher beleuchtet, auch wenn dazu gesagt werden muss, dass gerade mit mehr als acht Teams Zweifel daran angebracht sind, ob Scrum noch gut funktionieren kann. Für diese Art von Projekt ist Forschungsbedarf vorhanden, und es gibt noch nicht ausreichend Informationen darüber, bis zu welcher Größe Scrum am besten funktioniert. Die hier vorgestellte Anwendung von Scrum bezieht sich daher zum Großteil auf die klassische Konfiguration von Scrum, die aus einem Scrum-Team und diversen externen Stakeholdern besteht.

Wichtig ist auch die Frage, wie man sich zum Scrum-Experten ausbilden lassen kann. Nach gründlicher Lektüre dieses Ratgebers ist es wahrscheinlich möglich, eine Selbsteinschätzung auf Scrum.org abzulegen. Diese bildet eine gute Basis für eine offizielle Zertifizierung, die nötig ist, wenn Sie als Scrum Master oder als Scrum Product Owner arbeiten möchten. Um ein Teammitglied im Scrum-Entwicklungsteam zu sein, ist ein Zertifikat nicht nötig, aber es gibt dennoch die Möglichkeit, sich als Scrum Developer weiterbilden zu lassen. Im siebten Kapitel wurden daher unterschiedliche Zertifikate vorgestellt, die verschiedenen Ansprüchen genügen sollten. Scrum.org und die Scrum Alliance sind die wohl größten Anbieter für Scrum-Zertifikate und bieten jeweils einen sehr guten, englischsprachigen Einstieg in die Welt von Scrum. Unterschiedliche Levels ermöglichen es Ihnen, sich bis zum gewünschten Punkt fortzubilden. Das Project Management Institute sowie der TÜV Süd, unterstützt von ITEMO, bieten ebenfalls eher allgemeine Zertifikate für an Scrum-Interessierte an. Beide lassen sich auf Wunsch auch auf Deutsch absolvieren, obwohl es in vielen Fällen sinnvoll ist, sich auf Englisch ausbilden zu lassen. Die zunehmende Globalisierung zahlreicher Firmen sowie die Tatsache, dass Scrum selbst auf Englisch konzipiert ist, und sehr viele englische Begriffe enthält, sprechen dafür. Zudem wird Scrum nach wie vor hauptsächlich in der Softwarebranche, deren Verkehrssprache ebenfalls Englisch ist, genutzt. Die letzten beiden vorgestellten Zertifikate von EXIN und Axelos tragen dem Rechnung und richten sich gezielt an Softwareexperten, agiles Projektmanagement anwenden möchten.

Zu guter Letzt wurden mehrere Vergleiche zwischen Scrum und traditionellem Projektmanagement gezogen. Dabei stellte sich heraus, dass große Unterschiede im Bereich Teamarbeit und Verantwortung bestehen. Bei Scrum trägt das ganze Team die Verantwortung für das Endprodukt und all seine vorangehenden Inkremente, während im klassischen Projektmanagement der Projektleiter die ganze Verantwortung auf seinen Schultern trägt. Auch das Verständnis von Zeit ist unterschiedlich, denn während ein Projektzyklus sich an Meilensteinen und dem nächsten Schritt im Zyklus orientiert, arbeitet Scrum in kurzen, ein- bis vierwöchigen Sprints, die jeweils bereits ein potenziell lieferbares Produkt liefern.

Diese Praxisorientierung ist ein weiterer wichtiger Unterschied, denn Scrum-Produkte sind durch die enge Absprache mit Kunden und Nutzern sicherlich besonders nutzerfreundlich, während dies bei traditionell gemanagten Projekten nicht garantiert ist. Auch die Zusammenarbeit mit dem Kunden ist unterschiedlich, denn bei Scrum ist der Auftraggeber häufig eng in das Projekt involviert, während er im klassischen Projektmanagement zu Beginn und Ende des Projektes präsent ist, zwischendurch aber eher nicht. Die Flexibilität oder auch Agilität von Scrum ist ebenfalls eine große Differenz, denn klassisches Projektmanagement ist häufig recht rigide und kann daher nicht so gut auf in der Praxis eintretende Änderungen oder Probleme wie etwa Lieferengpässe oder rechtliche Veränderungen eingehen.

Scrum wurde für den IT- und Softwarebereich entwickelt, aber auch für Projekte ganz anderer Art kann es sinnvoll und sogar inspirierend sein, mit Scrum zu arbeiten. Der Vergleich zwischen Scrum und klassischem Projektmanagement hat ergeben, dass Scrum besonders für die Entwicklung von neuen oder innovativen Produkten, die hauptsächlich nutzerfreundlich sein sollen, sehr wertvoll ist. Die Orientierung an der Empirie garantiert, dass mit Scrum entwickelte Produkte nah an der komplexen Realität und den vielfältigen Ansprüchen von Auftraggebern konzipiert sind. Allerdings funktioniert das vor allem, wenn der Auftraggeber viel Freiheit und idealerweise keine feste Deadline vorgibt. Für andersartige Produkte, wie etwa die Entwicklung einer langfristigen Strategie oder einer immateriellen Sache, wie einem Blog oder einer Werbekampagne, ist es oft sinnvoller, mit dem traditionellen Projektmanagement zu arbeiten.

Eine gute Zertifizierung zum Scrum Master oder Scrum Product Owner erklärt auch diese Unterschiede und macht klar, dass Scrum kein Allheilmittel für jegliche Art von Projekten ist. Dennoch ist Scrum eine sehr innovative und sogar revolutionäre Methode des Projektmanagements, deren Weisheiten sich auf viele Lebensbereiche anwenden lassen. Ausbildete Scrum-Experten können zum Beispiel auch traditionelle Projekte anleiten und erzielen dort mit Sicherheit sehr gute Ergebnisse. Denn selbst wenn nur einige der Scrum-Werte angewandt werden, wie etwa die transparente, vertrauensvolle Arbeit im Team und die enge Absprache mit dem Kunden, wird am Ende ein besseres Produkt abgeliefert.

Zusammenfassend lässt sich daher festhalten, dass Scrum zwar kein Allheilmittel für Projekte jeder Art ist, sich aber definitiv bewährt hat und für jedes Projekt wertvolle Lektionen bereithält. Selbst nach der Lektüre dieses Ratgebers können Projektmanager bereits einige der Prinzipien von Scrum umsetzen, wobei eine professionelle Ausbildung natürlich besser geeignet ist, um Scrum in der Praxis sinnvoll und effektiv anzuwenden. Weitere Ratgeberwerke geben noch ausführlichere Informationen über Scrum und auch die erwähnten Anbieter für Zertifikate halten viele wertvolle Tipps und Tricks auf ihren Webseiten und in ihren Kursen bereit. Dank des Internets ist es jedem möglich, sich mit Scrum zu befassen und ein Experte im agilen Projektmanagement zu werden. So steigern Sie Ihren Wert auf dem Arbeitsmarkt und sind in der Lage, wettbewerbsfähige Produkte agil und an der Empirie orientiert zu verwirklichen!